岸滩溢油监测评价技术研究

赵玉慧　孙培艳　主编

U0347971

海洋出版社

2017 年 · 北京

图书在版编目（CIP）数据

岸滩溢油监测评价技术研究/赵玉慧，孙培艳主编. —北京：海洋出版社，2017. 6
ISBN 978-7-5027-9831-4

Ⅰ.①岸…　Ⅱ.①赵…②孙…　Ⅲ.①海上溢油-海洋污染监测-研究　Ⅳ.①X834

中国版本图书馆 CIP 数据核字（2017）第 171520 号

责任编辑：张　荣
责任印制：赵麟苏

海洋出版社　出版发行

http://www.oceanpress.com.cn

北京市海淀区大慧寺路 8 号　邮编：100081
北京朝阳印刷厂有限责任公司印刷　　新华书店发行所经销
2017 年 7 月第 1 版　2017 年 7 月北京第 1 次印刷
开本：787 mm×1092 mm　1/16　印张：9
字数：200 千字　定价：40. 00 元
发行部：62132549　邮购部：68038093　总编室：62114335
海洋版图书印、装错误可随时退换

目　次

第1章　岸滩溢油污染概述

1.1　岸滩溢油污染来源与特点

岸滩溢油是指在石油勘探、开发、炼制及运储过程中,由于意外事故或操作失误造成原油或其他油品从作业现场或储器里外泄,损害其服务功能,影响岸滩生态环境,危害潮间带生物生存,破坏沿海滩涂湿地及风景区的景观等现象。

1.1.1　石油的化学组成

目前,岸滩溢油油种主要包括原油和其他石油产品。原油是埋藏于地下的天然矿产物,经过勘探、开采出的未经炼制的石油;石油产品是不同性质的石油经历不同的流程,得到的精炼产品。

石油通常为棕褐色或暗绿色,在常温下,原油大都呈流体或半流体状态。目前就石油的成因有有机成因和无机成因两种:无机成因即石油是在基性岩浆中形成的;有机成因即各种有机物如动物、植物,特别是低等的动植物像藻类、细菌、蚌壳和鱼类等死后埋藏在不断下沉缺氧的海湾、潟湖、三角洲和湖泊等地,经过许多物理化学作用,最后逐渐形成为石油。

石油与煤一样属于化石燃料,性质因产地而异,密度为 $0.8 \sim 1.0 \ g/cm^3$,黏度范围很宽,凝固点差别很大($30 \sim -60 ℃$),沸点范围从常温到 $500 ℃$ 以上,可溶于多种有机溶剂,不溶于水,但可与水形成乳状液。组成石油的化学元素主要是碳(83%~87%)、氢(11%~14%),其余为硫(0.06%~0.8%)、氮(0.02%~1.7%)、氧(0.08%~1.82%)及微量金属元素(镍、钒和铁等)。

石油的组成主要取决于原油产地的碳的来源以及它们来源的地质环境,由碳和氢化合形成的烃类构成石油的主要组成部分,约占95%~99%。不同产地的石油中,各种烃类的结构和所占比例相差很大,但主要属于烷烃、环烷烃和芳香烃三类。通常,以烷烃为主的石油称为石蜡基石油,以环烷烃和芳香烃为主的称环烃基石油;介于二者之间的称中间基石油。不同烃类对各种石油产品性质的影响各不相同;非烃类化合物主要有含硫化合物、含氧化物、含氮化合物、胶质与沥青质。石油产品是原油通过不同的炼制过程所得,由于石油本身的来源不同和炼制过程的差异使得成品油组分构成也不一致。因此,在一定程度上可以说,所有的石油及其产品化学组成均有差异。

1.1.1.1 烷烃

烷烃是石油的重要组分,凡是分子结构中碳原子之间均以单键相互结合,其余碳价都为氢原子所饱和的烃叫做烷烃。烷烃是一种饱和烃,其分子通式 C_nH_{2n+2}。烷烃是按分子中含烃原子的数目为序进行命名的,碳原子数为 1~10 的分别用甲、乙、丙、丁、戊、己、庚、辛、壬、癸表示;10 以上者则直接用中文数字表示。只含一个碳原子的称为甲烷,含有 16 个碳原子的称为十六烷。这样,就组成了为数众多的烷烃同系物。烷烃按其结构之不同又可分为正构烷烃与异构烷烃两类,凡烷烃分子主碳链上没有支碳链的称为正构烷烃,而有支碳链的称为异构烷烃。

在常温下,甲烷至丁烷的正构烷烃呈气态;戊烷至十五烷的正构烷烃呈液态;十六烷以上的正构烷烃呈蜡状固态(是石蜡的主要成分)。由于烷烃是一种饱和烃,故在常温下,其化学稳定性较好,但不如芳香烃。在一定的高温条件下,烷烃容易分解并生成醇、醛、酮、醚、羧酸等一系列氧化产物。烷烃的密度最小,黏温性最好,是燃料与润滑油的良好组分。

正构烷烃与异构烷烃虽然分子式相同,但由于分子结构不同,性质也有所不同。异构烷烃较碳原子数相同的正构烷烃沸点要低,且异构化愈甚则沸点降低愈显著。另外,异构烷烃比正构烷烃黏度大、黏温性差。正构烷烃因其碳原子呈直链排列,易产生氧化反应,即发火性能好,它是压燃式内燃机燃料的良好组分。但正构烷烃的含量也不能过多,否则凝点高,低温流动性差。异构烷烃由于结构较紧凑,性质稳定,虽然发火性能差,但燃烧时不易产生过氧化物,即不易引起混合气爆燃,它是点燃式内燃机的良好组分。

1.1.1.2 环烷烃

环烷烃的化学结构与烷烃有相同之处,它们分子中的碳原子之间均以一价相互结合,其余碳价均与氢原子结合。其碳原子相互连接成环状,故称为环烷烃。由于环烷烃分子中所有碳价都已饱和,因而它也是饱和烃。环烷烃的分子通式为 C_nH_{2n}。环烷烃具有良好的化学稳定性,与烷烃近似但不如芳香烃,其密度较大,自燃点较高,辛烷值居中;它的燃烧性较好、凝点低、润滑性好,故也是汽油、润滑油的良好组分。环烷烃有单环烷烃与多环烷烃之分,润滑油中含单环烷烃多则黏温性能好,含多环烷烃多则黏温性能差。

1.1.1.3 芳香烃

芳香烃是一种碳原子为环状联结结构,单双键交替的不饱和烃,分子通式有 C_nH_{2n-6}、C_nH_{2n-12}、C_nH_{2n-18} 等。它最初是由天然树脂、树胶或香精油中提炼出来的,具有芳香气味,所以把这类化合物称作芳香烃。芳香烃都具有苯环结构,但芳香烃并不都有芳香味。芳香烃化学稳定性良好,与烷烃、环烷烃相比,其密度最大自燃点最高、辛烷值也最高,故其为汽油的良好组分。但由于其发火性差,十六烷值低,故对于柴油而言则是不良组分。润滑油中若含有多环芳香烃则会使其黏温性显著变坏,故应尽量去除。此外,芳香烃对有机物具有良好的溶解力,故某些溶剂油中需有适当含量,但因其毒性较大,含量应予控制。

1.1.1.4 不饱和烃

不饱和烃在原油中含量极少,主要是在二次加工过程中产生的。热裂化产品中含有较多的不饱和烃,主要是烯烃,也有少量二烯烃,但没有炔烃。烯烃的分子结构与烷烃相似,即呈直链或直链上带支链,但烯烃的碳原子间有双价键。凡是分子结构中碳原子间含有双价键的烃称为烯烃,分子通式有 C_nH_{2n}、C_nH_{2n-2} 等;分子间有两对碳原子间为双键结合的则称为二烯烃。烯烃的化学稳定性差,易氧化生成胶质,但辛烷值较高、凝点较低。故有时也将热裂化馏分(含有烯烃、二烯烃)掺入汽油中以提高其辛烷值,掺入柴油中以降低其凝点。但因烯烃安定性差,这类掺和产品均不宜长期储存,掺有热裂化馏分的汽油还应加入抗氧防胶剂。

石油还含有一定的非烃化合物,非烃化合物含量虽少,但它们大都对石油炼制及产品质量有很大的危害,所以在炼制过程中要尽可能将它们去除。非烃类化合物主要有:含硫化合物、含氧化物、含氮化合物、胶质与沥青质。石油中所含树脂相对烃类化合物极性较强,具有较好的表面活性。分子量范围一般在 700~1 000。主要包括:羧酸(环烷酸)、亚砜和类苯酚化合物。沥青质这类化合物非常复杂,没有明显的特征,主要包括聚合多环芳烃化合物,一般有 6~20 个芳香烃环和侧链结构。

岸滩溢油由于受物理学(如分散、挥发、溶解、沉积作用等)、化学(光化学、氧化等)和生物学(微生物降解等)的作用(即通常所说的风化作用),其各类组分已发生不同程度的变化,这些变化的结果具备以下特点。

(1)正构烷烃的半保留期较短,消失的速率较快,而相同碳数的支链烃消失速率较慢,其在风化油中的比例不断升高,脂环烃与其他饱和烃的比例随油类的风化程度的加深而增高。

(2)与同碳数的饱和烃类相比,芳香烃化合物的水溶性较大,并且不易被微生物降,其在风化油中所占比例随风化程度加深而升高,尤其是某些烷基化的多环芳烃化合物。

(3)分子量较高的化合物比分子量较低的同类化合物,在海洋环境中滞留时间更长,因此在风化油中,分子量较高的化合物所占比率较高,分子量较高的石油烃组分,尤其是多环芳烃化合物容易在底质中长期积累。

这些化合物有简单的高挥发性物质,也有复杂的不能挥发的蜡及沥青混合物。这些化学物中氧、氮、硫、钒、镍、矿物盐等可能以各种组合形式存在。

造成海洋污染的除了石油之外,还有一些其他石油产品。不同性质的石油经历不同流程得到的精炼产品,它们的化学性质和物理性质也不同。许多精炼产品往往有明确的可预测的特性,如汽油和石油烃化合物。然而,中间残余燃料油和重质燃料油的性质却有很多样态。

1.1.2 岸滩溢油污染来源

随着全球工业化进程的加快,人类社会对石油的需求急剧增加,海上及沿岸油气资源勘探开发的强度日益加大,国际海运业高速发展,沿海石油炼化工业规模的日趋庞大,溢油风险和溢油事故发生频率越来越大。

溢油影响岸滩来源主要有三个方面:一是陆源发生溢油事故、溢油随河道、排污口进入岸滩或直接进入岸滩,2010 年大连"7·16"溢油事故和 2012 年青岛"11·22"溢油事故属此种类型;二是海上石油勘探开发发生溢油事故。溢油在海流和风的作用下,漂移到近岸海域并在岸滩登陆,2011 年蓬莱"19-3"油田溢油事故属此种类型;三是海上船舶发生溢油事故并影响至岸滩,2006 年长岛海域油污染事件属此种类型。

1.1.2.1 陆源溢油

"十一五"规划以来,我国沿海 11 个省区市的区域发展规划均经国务院批准上升为国家战略,有力推动了海洋经济和沿海地区快速发展,但与此同时,也必须清醒地看到,沿海地区石油炼化企业呈现趋海性布局。根据《石化产业调整和振兴规划》,仅在"长三角""珠三角"、环渤海沿海地区就规划形成 20 个千万吨级炼油基地、11 个百万吨级乙烯基地,庞大的储油罐、高耸的反应塔、巨型的高炉将星罗棋布般地矗立在我国沿海地区。以环渤海地区为例,天津滨海新区规划打造航空航天、石油化工和新能源 3 个世界级产业基地,计划建成 4 000 万吨级大炼油和百万吨乙烯生产能力;河北将加快建设以能源、化工、钢铁和装备制造为重点的沧州经济区,规划港口通过能力超过 6×10^8 t,石油炼制能力超过 $3\,000 \times 10^4$ t;辽宁规划沿海建设生产性泊位 230 个,造船能力达 $2\,000 \times 10^4$ t,石油炼制能力达 1.1×10^8 t。由此可见,不同沿海地区产业结构和布局中均将港口码头、石油化工等重化工业作为主导产业,沿岸溢油风险加大。

2010 年 7 月 16 日 18 时许,位于辽东半岛南端的大孤山东北麓,黄海岸边的大窑湾西南侧的大连新港原油罐区输油管线爆炸,并引起储油罐爆裂,导致大量原油流入海中,并向附近海域扩散,对海洋环境造成严重影响。根据国家海洋局卫星、飞机、船舶、陆岸监视监测,溢油污染岸线长 163 km(北至金石滩,南至小平岛),约占大连市大陆岸线的 12%。事故发生后,最初 3 天溢油主要影响大孤山、大连湾、大窑湾、小窑湾的岸线,至 7 月 25 日污染岸线达到最大,岸线污染严重区域主要分布在大连湾东岸、北岸,大窑湾、小窑湾沿岸、金石滩西部一带,岸线污染较轻的区域分布在七贤岭、付家庄、黑石礁、小平岛一带。

1.1.2.2 石油勘探开发溢油

我国近海石油资源量 $276.52×10^8$ t,天然气资源量 $8.82×10^{12}$ m³。"十一五"规划以来,我国石油产量的增量超过 60% 都来自海洋,2010 年海洋油气产量首次超过 $5\ 000×10^4$ t。海上油气开采量大幅增长,仅在渤海就高达 $3\ 000×10^4$ t 余。而随着多年开发后,海上油气平台、管道等生产设施的老化,加之复杂的海洋地质条件,油气开采造成的溢油风险也在逐步加大。自 20 世纪 80 年代以来,溢油事件呈上升趋势,几乎每年都发生由于井喷、漏油以及原油运输船舶的碰撞、沉没等各种原因造成的溢油事件。如 1986 年渤海 2# 平台井喷,流入渤海大量原油;1987 年秦皇岛港输油站溢出原油 1 470 t;1998 年底,胜利油田 CB6A 井组发生井架倒伏,持续溢油近 6 个月等。

2011 年,蓬莱"19-3"油田 B 平台和 C 平台先后发生溢油事故,对海洋环境造成严重损害。2011 年 7 月中下旬,在辽宁绥中东戴河岸滩发现油污,呈不均匀带状分布,带长约 4 km,宽度约 0.5 m;在河北唐山浅水湾岸滩发现油污,呈带状 分布,高潮线附近油污带宽约 1~1.5 m,带长约 500 m,低潮线附近油污带宽约 1.5~2 m,带长约 300 m;在河北秦皇岛昌黎黄金海岸岸滩发 现油污,在高潮线附近零星分布,长度约 1.2 km。在以上区域采集的油样经油指纹分析鉴定,均与蓬莱"19-3"油田溢油油指纹一致。

1.1.2.3 海上船舶运输溢油

我国海洋交通运输业承担着 90% 以上的外贸运输量,2012 年沿海港口万吨级及以上泊位 1 517 个,沿海和远洋运输船舶数量 13 433 艘,沿海港口完成 $68.80×10^8$ t 货物吞吐量。海上运输量大幅增长,仅在渤海就高达 $7\ 800×10^4$ t,每天进出渤海运输船舶多达上千艘。从船舶溢油事故来看,据统计"十五"规划期间渤海海域发生的船舶溢油事故比"九五"期间增加一倍,占同期全国海域溢油事故的 46%,随着油类及化学品吞吐能力持续加大以及船舶运输大型化,船舶溢油事故风险也将随之增加。

2006 年 2 月 20 日下午 4 时,长岛县海洋与渔业局接长岛县黑山乡政府报告,称该岛海岸潮间带发现大量原油。国家海洋局北海分局现场勘查,长岛海域溢油事件污染区域主要分布在长岛各岛屿的海岸线滩涂上,呈大小不等的原油块,最大直径 30 cm,最小的有鸡蛋大小,烟台、蓬莱、招远一线的岸段也有分布,部分养殖户的海参及海参苗有死亡现象。经溢油鉴定,此事件溢油来自"大庆 91"轮溢油。

1.2 岸滩生态系统及其特点

岸滩是由岩石、沙、砾石、泥、生物覆盖的河流、湖泊、海洋沿岸堆积地面,由河水、湖水或海水的侵蚀、堆积而成。岸滩的分类方式因标准不同而异。概括来说,主要可分为三大类型:沉积海岸、岩石海岸和生物海岸。

1.2.1 沉积海岸

沉积海岸包括三角洲与三角湾海岸、淤泥质海岸及砂质或砾质海岸等。该类海岸由厚且松散的沉积物组成,多由泥沙的沉积和潮流的冲蚀而成。

影响沉积海岸颗粒尺寸及海岸坡度的最重要因素是海浪和海流。海浪及海流作用越大,海岸坡度越大、沉积物颗粒就越粗。遮蔽海岸的坡度一般较缓,沉积物颗粒也较细。河流入海口泥滩则是遮蔽物作用和入海河流带来的悬浮物质发生絮凝作用的结果。

对于颗粒较大的卵石滩海岸,由于其不够稳定,海水易于流失,导致此类型海岸的生物较少。而颗粒较小的沙砾海岸甚至泥滩,由于泥沙颗粒之间的空隙具有毛细效应,退潮之后仍可保存部分海水,为许多穴居动物、硅藻属以及细菌之类微生物的生存提供了便利条件。

1.2.2 岩石海岸

岩石海岸主要由比较坚硬的基岩组成,是世界海岸线的主要组成部分。尽管在形态及功能上存在地区差异,但在当地的海洋生态系统中都发挥着重要作用。

根据海洋中温度、盐度、波浪作用大小,以及生物无食期的长短、不同程度的捕食行为等特征,可将岩石海岸的生态环境划分为不同层次。生物在特定生态环境类型中生存能力不同,因而呈现出截然不同的垂直带状分布特征,并在波浪作用海岸与遮蔽海岸的生态群落之间产生了极大差异。

一般来说,海岸下部区生态群落比上部区生态群落更具生物多样性、生产力更高,会有更多的海藻与软体动物栖息;遮蔽海岸的生态群落多大型海藻栖息,与此相反,波浪作用海岸的生态群落有较多滤食性藤壶和贻贝;裸露砾石海岸由于波浪作用大,则只存在小型移动性甲壳类动物和一些短命物种,而当岩石海岸出现断裂、裂缝、岩池、悬崖及其他荫蔽地带时,上述生态群落的基本带状格局会进一步复杂化。

1.2.3 生物海岸

生物海岸主要包括盐沼海岸、红树林海岸和珊瑚礁海岸,体现了生物对海岸的依附作用。

1.2.3.1 盐沼海岸

盐沼是指陆地上有薄层积水或间歇性积水,生长有沼生和湿地植物的土壤过湿地段,多指沿海涨潮时被淹没、退潮时露出水面的软底质的广大潮间平地,有时也被称为滩涂。它形成于有遮拦物、能量低、潮差大于 3 m 的近岸环境,在水流缓缓的条件下,海洋冲积沉积物、河流冲积物和近岸原生沉积物慢慢累积在潮间带泥滩上。当冲积层增加到一定厚度时,每天会有一定时间露出水面,大型水生植物便乘机繁殖生长。

盐沼植被主要生长在小潮平均高潮位与大潮高潮位之间的遮蔽海岸带。通常根据潮高将盐沼海岸划分出不同的物种区,同时水体的盐分也会影响盐沼海岸物种的分布特征。盐沼是许多无脊椎动物的栖息地,而盐沼食物链的顶端通常是鸟类和鱼类,它们以无脊椎动物为食。

1.2.3.2 红树林海岸

红树林是指耐盐性较高的乔木及灌木物种,一般生长在热带及某些亚热带的遮蔽海岸及河口海湾。

在适宜条件下,红树林是生产力最高的生态系统。其物种适应能力非常强,通过超滤作用脱掉盐分,通过根部的通气组织吸收氧气,红树林物种可以在海水中正常生长。红树林区潮水的高度、水体盐分及环境中营养物质的含量,造就了不同的红树林生态群落。在红树林生态系统中往往生存着包括细菌、真菌、无脊椎动物、鱼、虾、牡蛎、蜗牛和螃蟹等众多种类的生物,同时也是鸟类、哺乳动物及昆虫的重要栖息场所。

1.2.3.3 珊瑚礁海岸

珊瑚礁是世界热带及亚热带海域存在的最大生物有机体、生物生产力极高的生态系统,大多分布于近岸水域,是世界上生物多样性最丰富、最复杂的生态群落。

珊瑚礁分布在平均最低水温一般不低于20℃的热带与亚热带海域。大致分为三类:裾礁、堡礁、环礁。珊瑚礁不仅是重要的渔业资源,抵挡海蚀的天然屏障,而且还是非常好的旅游景观。

珊瑚与微生物藻类(虫黄藻)具有共生关系,微生物藻类通过光合作用获得能量,促进珊瑚骨骼的生长;同时,珊瑚又为藻类提供生存空间,并以排泄物的形式为藻类细胞的生长提供重要的营养成分。

1.3 溢油对岸滩生态系统的影响

岸滩生态系统所处的地理位置不同、地形特征有别(开阔型和掩蔽型)、生物多样性程度各异,导致了不同类型的岸滩生态系统对溢油的敏感程度有很大差别。

通常生物量较低、海浪和潮汐活动较强的岸滩对溢油较不敏感,即不容易受到溢油事故的污染,或者污染后容易自行恢复;而生物量较大,掩蔽型的海岸对溢油的敏感性指数较高,溢油事故一旦发生将对整个生态系统造成威胁同时给环境修复工作带来很大的障碍。

1.3.1 溢油在沉积海岸的行为及对其造成的影响

对于裸露程度较高、颗粒较粗的沉积海岸,海浪冲刷等自然过程能够较快的清理油污。但如果油污在风或海水的作用下渗入沉积物,那油污的滞留时间可能会较长。

溢油在沉积海岸的下渗程度取决于以下几个因素:

(1)颗粒尺寸:颗粒越大,下渗越深。

(2)油类黏度:黏性越低,下渗越深。

(3)岸滩颗粒的排水能力:排水能力越强,下渗越深。

(4)动物洞穴和气孔:气孔越多,越易下渗。

从生态系统的角度来看,溢油对掩蔽型沉积海岸的影响更为严重。这不仅是因为掩蔽型海岸接受海浪直接作用的机会较少,更重要的是掩蔽型海岸往往代表着较高的生物多样性水平和较大的生物量水平。一些种类的生物会受油污影响,甚至死亡。

生物受油污影响的程度取决于某种生物的溢油敏感度,同时也与溢油在沉积海岸的滞留时间有关。某些物种可以在数月内恢复,某些可能需要数年才能恢复,而另外一些物种(如某些蠕虫)可能受油污的影响而迅速繁殖。另外,溢油事故发生后,积极合理及时有效的处置方式往往为物种的恢复提供良好的环境基础,处置工作越完善,物种的恢复速度越快。

1.3.2 溢油在岩石海岸的行为及对其造成的影响

对于岩石海岸来说,在一个垂直的位于波浪作用的石壁海岸上,油膜受到海浪反冲作用的阻挡,石壁可能就不会受到污染;对位于遮蔽海湾、坡度较小的砾石海岸的沟壑中,油污可能渗入下层沉积物中。

可见,油污对岩石海岸的影响程度取决于海岸的地形(坡度、整体性)、组成(岩石类型、大小)以及所处位置(开阔或掩蔽、水动力条件)。

上岸的油污主要依靠波浪、潮汐、土壤颗粒的絮凝作用和物理风化作用来移除,影响这种风化作用的因素包括波浪大小、天气情况、地形特征、水温等。另外,微生物及食草动物的生物风化作用也能清除一定量的油污。

由于油污的逗留形式和逗留量,岩石海岸上的油污一般不会对环境造成长期损害,而且大部分岩石海岸上栖息的物种具有很强的再生能力。与沉积海岸类似,溢油对岩石海岸物种的影响程度取决于溢油类型、物理特性、溢油量、物种敏感程度及接触时间。例如,藤壶一般只有在几次潮汐间遭受黏性油污的窒息才会被毒死;而帽贝等食草软体动物对油污的敏感度很高,毒性很强的油污会造成其大量死亡。

溢油除了对岩石海岸某些物种有致死作用外,还有一些非致死性的影响,如降低生长率、丧失生殖功能等。

1.3.3　溢油在生物海岸的行为及对其造成的影响

1.3.3.1　对盐沼海岸的影响

按照国际海岸带敏感性指数的定义,盐沼属于"最脆弱"的生态环境类型之一,是溢油事故发生后需要优先保护的区域。

由于盐沼往往分布在遮蔽地带,大面积的盐沼植被能够吸收溢油,且众多盐沼植物的叶子表面都波纹曲面,更增加了溢油的留存量,因此盐沼能够圈闭、留存大量的溢油,并且难于清除。大量事故案例及科学研究表明,溢油季节、受污物种不同、油膜厚度、溢油量及油污下渗程度造成盐沼受污染后的恢复时间有较大差别。

轻度到中度的溢油污染,油污很少下渗,通常只对多年生植被有影响,植被的上部可能被杀死,但埋于地下的部分可以在较短时间内恢复。

轻质原油由于其黏度较低,可能在盐沼出现下渗状况,在影响植被地上部分的同时,也对其根系产生影响,同时会影响到生活在盐沼沉积物内的无脊椎动物,其数量的恢复程度往往与盐沼泥土中芳烃类化合物的含量相关。

对于黏度较高的溢油,容易在盐沼表面形成厚厚的油块,缺氧会对盐沼植被的地上和地下部分造成影响,这严重制约了盐沼植被的生态恢复。

1.3.3.2　对红树林海岸的影响

溢油对红树林的影响范围受到潮汐高度的限制,在高潮时溢油被潮水带入红树林,退潮时溢油将滞留在红树林周边的土壤及红树林赖以呼吸的气生根上。

当溢油黏度较大或密度较大时将堵塞红树林的呼吸孔,造成红树林窒息死亡。对于轻质原油来说,其下渗能力较强,能够通过下渗直接影响红树林的根系,造成其死亡。

红树林是生产力非常高的生态系统,溢油通过两种途径影响栖息在红树林中的众多生物。首先,溢油本身可能会对物种有严重影响;其次,当红树林的根系和枝干腐烂死亡后,原本物种赖以生存的栖息地大量减少,间接导致物种数量锐减。

1.3.3.3　对珊瑚礁海岸的影响

大多数情况下,珊瑚礁是在水面以下生存的,因此对于溢油事故而言,油污通常漂浮在珊瑚礁上方水面。另外,由于海浪破碎作用、溶解、油污絮凝作用以及风化作用的影响下,溢油可能以颗粒或油滴的形式进入水体与珊瑚礁直接接触。在某些特殊情况下(如潮位极低),珊瑚礁对露出水面,此时油污会直接与珊瑚接触,使其窒息。

国际上对珊瑚礁溢油影响做了大量的实验室研究和现场研究,研究结果差别较大。珊瑚礁生态系统的复杂性导致其遭受溢油事故后生态系统的影响程度得到大量因素控制,如溢油量及油品种类,溢油风化程度,溢油发生的频率,风暴、降雨、潮流状况,溢油处置状况,受污的珊瑚种类以及事故发生的季节(是否产卵季)等。

1.4 岸滩溢油清理技术

1.4.1 岸滩溢油清理工作的基本原则

是否清理受污染的岸滩以及所选用的技术,应当在该区域相关意外事故规划里记录备案。如果有条件的话,应该建立在科学评估基础之上。在大多数情况下,溢油事件的特点难以准确预测,因此事故的预防规划都应当有一定的灵活性。然而响应的延迟也就意味着污染情况的进一步恶化。例如,油污可能会在砂质的精细沉积物中混合或埋藏,也会风化并吸附在岩石、植被或者海边的石堆、海堤上。搁浅的油污和残渣有可能重新移动扩散。这些过程会加大清理的难度,增加清理的费用。为使岸滩溢油处置工作具有时效性、科学性、合理性,需遵循以下原则。

1.4.1.1 清理工作开始之前要进行岸滩特点评估

岸滩特点会影响油污的分布和存留,以及各种清理方式的适用性,还会影响所产生废物的种类和数量。因此在清理工作开始前要对所污染的岸滩进行实地评估。评估的内容为:岸线的污染程度、岸线的类型、岸线的敏感等级、岸线的长度、岸线形状、岸线附近物理海洋环境、当地动植物种群等。这样就能够有针对性地对不同类型的岸线采取相应的清除方式,增加方案的可行性和减少不必要的额外工作。同时,对岸线全面的了解将使岸线清理作业的分配更有计划性。

1.4.1.2 清理工作开始之前要统一行动,分段负责

岸滩清理工作是一种要投入相当多的人力和物力的繁重活动。要将如此多的人和物组织起来并协调好是一件非常困难的事情,所以在岸滩清理过程中要严格遵守指挥中心的统一领导,统一行动,协调开展,并按照清理方案精心组织,周密安排,有条不紊地进行清污。为了更有效地进行岸滩清理工作,按照岸线的污染程度、类型、工作难度等进行分段,每一段分配给一个作业小组,将任务分配到人。

1.4.1.3 清理工作进行中要把握清理程度,避免二次污染

有效地对岸滩清理工作进行组织与管理是减少废弃物生成的关键。因此,应特别注意避免将未被油污染的水、沙、石和其他岸滩材料一起携带走。同样,在轻度污染的岸滩处理方法上,应始终就其技术可行性以及成本效益问题进行研究和探讨。这有益

于减少材料的运输和处置,同时避免出现二次污染。

1.4.1.4 清理工作结束后妥善处理废弃物做好

岸滩清理工作必然会产生大量的废弃物,这就急需安排废弃物临时储存设施。临时储存设施可以因地制宜就地建造,而不是组织调运,以满足公众对应急行动迅速、快捷的需求。建立临时储存设施的方法很多,可建在岸滩的上部分(在停车场或公用农用场地),但需要采取适当的措施确保不会出现短期泄漏、外溢或造成土壤或地下水污染。为了有利于后期处置,管理人员还要设法保证将临时储存的各种废弃物进行分别归类。处理某些液体或固体废弃物可以将其运送到废弃物循环利用中心或危险废弃物焚烧中心、水泥厂等地方,在特定情况下,甚至可以用居家的焚化炉进行处理。

1.4.2 岸滩溢油清理的主要方法

采用何种清除方法取决于油的种类和被污染的岸线的类型。被污染的区域的类型可能是泥浆、沙、细卵石、粗卵石、岩石或珊瑚礁。高潮水线上的植被可能是草地、芦苇地、红树林沼泽地等,还有可能有水泥、木材、人工建筑。对于不同的溢油和被污染的地区,每一种清除方法都各有其优缺点。

1.4.2.1 自然修复

在一些特定情形下,唯一的选择只有让上岸的油污自然消解。在生态高度敏感脆弱的区域,任何的清理工作都可能带来比油污自身更大危害的情况下,自然修复往往是更好的措施。这一方法也可应用于经济、社会、环境因素不太敏感,但是海况相对恶劣、自然清理较快的情况。如果受污染的区域较为偏远或地势危险而难以抵达,油污也可以采用自然降解方式处理。

要对受污染的区域进行周期性的观测来监测自然降解的速率,同时需要发出警告,告知公众远离油污。

1.4.2.2 机械清除

如果高黏度的溢油沉积在高潮水位线上,必须尽力将其清除。有时只需清除沉积下来的溢油,有时要连同一层几厘米厚的被污染的海滩一起清除。应该将这些物质运到对环境及地下或地面水源没有危害的地方。在何处倾倒这些物质,必须有当地主管部门的批准。

对于固态或半固态的焦油状溢油,以及粘连在一起的油和沙的混合物,使用机械清除是唯一可行的解决办法。可以使用带耙的农业机械,也可以使用某些铲土设备,如压路机、铲车、装载机等,尽量避免使用履带式车辆(见图1-1)。机械清除适用于沙滩渗透程度和敏感程度低的岸线,作业时,机械设备应沿着岸线方向自岸上向水边逐步工作,将污染物集中起来。机动车不允许越过油污的沉积物,避免导致污油被埋入沉积物中,造成二次污染。

图 1-1 岸滩溢油机械清除

1.4.2.3 人工清理

如果被污染的岸线敏感性高、溢油分布很分散或溢油地点机械设备无法到达,清除作业必须通过人工进行。通常用一些很普通的工具,如:手推车、铲、耙、提桶、铁锹、塑料袋或者其他临时的存储器械。人工清理方式的效率很低,移走的含油沉积物少,因而处理量也减少,但由于物理干扰较少,人工清理的区域的恢复速度更快(图1-2)。

图 1-2 岸滩溢油人工清理

1.4.2.4 低压冲洗

这种方法相比其他方法,对动植物群落具有较低的潜在破坏性,考虑到该方法对基质不会造成显著干扰,因此可用于一些敏感的区域。由于油污流失会对海岸的其他部分造成污染,应通过撇油器、泵或真空装置进行收集。

冲刷应该从污染最严重的位置升始,朝着海水的边缘逐渐进行。应当注意不要让冲刷油污的水流沾污受污海岸线以下的清洁海岸,如果确实发生了这种情况,应进行清洗,避免造成额外的环境损害(图1-3)。潮间带顶部含油沉积物的冲洗应该在高潮或涨潮期间进行。

图1-3　岸滩溢油低压冲洗

1.4.2.5 高压冲洗

高压冲洗仅仅适用于砾石、鹅卵石等石质堆积物或者码头、防波堤等人造结构的表面,这种方法往往会导致油的乳化,因而不建议再用吸附剂来收集重新浮起的油(图1-4)。从石头表面冲下来的油可以汇集到岸上围栏内,然后用真空抽吸或撇油器回收。所需的材料和劳动力变化很大,取决于溢油分布情况、预期清理速度、基底类型等因素。

1.4.2.6 使用消油剂

许多海岸清理消油剂的使用通常与高压冲洗或海潮冲刷相结合。溶剂型产品可以应用于高压冲洗,以加强油污的移除,然后通过径流收集。表面活性剂产品,包括各种类型的分散剂,也以类似的方法使用,冲洗过程中释放的油污悬浮在径流中并通过当地海流带走,进一步自然分散。对于覆盖在坚硬表面的油污,使用消油剂的人工洗

图 1-4 岸滩溢油高压冲洗

涤方法有助于油污的混合和移除。

　　岸滩油污清理中消油剂的效用远比在海上使用时小,往往受到油污黏度的限制。环境因素也可能限制其应用,特别是径流将物质带离现场的情况下,还有靠近敏感区域的地方,如盐沼、红树林和珊瑚。消油剂不应该被用于近海取水口或油污可能进一步被转移到基质上的地方,如鹅卵石、砾石和干砂。所有产品在现场使用前都应进行测试和得到许可,使用消油剂的人员都应穿戴相应的个人防护装备。

1.4.2.7　使用吸油材料

　　使用吸油材料可以用来清扫沉积在海滩上的油,特别是那些较稀或者黏度较低的油,处理方法分为三个步骤:第一步,将吸油材料撒在海滩溢油上面;第二步,以某种方式施用压力或搅动(如扫动);第三步,将被油浸透的吸油材料收集起来,以某种适当的方式进行处理。可将吸油材料撒到水边的溢油上,然后进行搅动,再用细齿耙捞起运走。

1.4.3　典型类型岸滩的溢油清理方法选择

　　岸线类型错综复杂,并随海岸延伸而变化。有些岸线具有一定的潜在危险性,因此,在进入岸线进行清理作业之前,要对工作环境进行熟悉;考虑所有的危险因素,以确认潜在的危害,以便采取相应的安全预防措施(见表1-1)。危险因素,如野生动物、岸线类型及在水中工作的不利气象条件等。

表 1-1 不同岸滩类型可采用的清理技术

岸滩类型	基本的清理					后续的清理						
	用泵抽吸/撇去浮沫	机械清理	人工清理	自然修复	评价	低压冲洗	高压冲刷/沙爆	分散剂	自然有机吸附剂	分批冲洗	自然修复	评价
岩石、鹅卵石和人造堤岸	V	N/A	V	+	往往难以提供有效的设备,暴露的海岸或较远的地区最好还是通过自然修复	N/A	V	+	+	N/A	V	避免对岩石和人造海堤的过度磨损。大鹅卵石的清理很难而且效果不好
大鹅卵石、小鹅卵石和粗砾	V	X	V	+	暴露的海岸或较远的地区最好还是通过自然修复	V	X	+	+	+	+	如果负载能够承受较大压力,可以考虑将油污冲刷到碎波区来加强自然修复
砂砾	V	+	V	+	大型的仪器设备只能在坚实的海滩使用	V	X	+	N/A	+	+	固体油污可以使用常规的海岸清理机器。通过犁地和耙地来强化自然修复
泥地、沼泽和红树林	+	X	+	V	清理工作优先选择在较小切吃水较浅的小船上进行	+	X	X	+	N/A	V	清理工作优先选择在较小且吃水较浅的小船上进行

备注:一些技术在使用前需要得到许可,如消油剂。V 代表可行;+代表可能有效;X 代表不推荐;N/A 代表无法应用。

1.4.3.1 沉积海岸清理方法

冲洗特别适用于坡度缓和的坚固沉积海岸。用低压环境温度水冲洗,可把冲洗对沉积物结构及有机物的损害降到最低;但冲洗用水可能侵蚀沉积物,对此应予以监控,在必要时要停止冲洗作业。应在海岸底部围堵、回收冲洗掉的溢油;如果因此要开挖壕沟,必须避免掩埋溢油。

在小型污染区域,溢油在沉积物内的下渗量不大,适合使用人工清理(如使用耙子和铁铲）。在清理片状油污时,或机械设备无法进入海岸时,或用机械清理将损害海岸结构时,人工清理是一种很有用的方法。但人工清理必须谨慎进行,尽量不清除未受污染的沉积物、不损害存活的动植物。如果车辆能够进入海岸,可使用前装式装载车先把油渣归集成堆,然后清除;如果车辆不能进入,就应把油渣等装入重型袋,随后处置。

机械清理是沙滩上最常用的方法,因为沙滩上的油污面积大,但油污未向深处下渗。可用推土机清除沙滩表面遭受油污的沙层,但深度不要超过油污的下渗深度;然后用前装式装载车收集清除掉的油污沙层。也可单独使用前装式装载车清理,但可能将清洁沙层一同清除,这会增加后期处置难度。当要考虑重要的短期问题时,例如,需要清理从事渔业或旅游业的海岸时,最适合的方法是清除沉积物。

机械性重置,即是将被污染沉积物移到海岸的底部,使其在波浪冲刷的作用下加速清理过程;或将埋入沉积物的油污移到表面,达到同样的目的。在裸露程度较高的海岸上,最适合用这种方法清理被溢油严重污染的粗粒沉积物;当然波浪作用将最终使这种海岸恢复正常状态。

可用吸附剂清除汇集到岸滩洼地中的少量油污。

耕翻法,即是将油污与沉积物混合,从而既能防止油污与沉积物合成"沥青面板",又能加快油污的氧化作用、加快间隙水的流动,这能促进微生物对油污的自然降解。

真空泵抽吸法,适用于清理较厚的油污层(如沉积在岸滩洼地中的油污),应该仔细操作,尽量不要将海岸沉积物及栖息生物一同清理掉。

当沉积物中的油污含量不超过约 10 000 mg/kg 时,使用生物修复法(施用养料加快微生物对油污的降解过程)的效果最好。使用该方法时,最好是在沉积物氧供应和间隙水充足条件下进行。在某些情况下,适当地重复施用缓释肥料,似乎能促进天然微生物的活动,从而加快油污的生物降解过程。

1.4.3.2 岩石海岸清理方法

吸油设备:只有靠自然方法,才能慢慢地清除滞留在沟壑、岩池内和砾石之间的油污,而且与海岸表面的油污相比,这些油污还可能对生态环境造成更大的损害。如果吸油设备能用在这些地方,就能够在不对生态环境造成大的物理损害的前提下,大大减轻污染。遗憾的是,许多吸油设备非常笨重,不方便在崎岖的海岸上搬运。使用这种方法时,要不断地权衡它的优势与因踩踏而引起的损害。

常温海水低压冲洗法:这种方法需要许多工人协调使用多种设备。用这种方法既能洗掉海岸上的油污块,又不引起物理损害,其益处是显而易见的,但必须将油污控制在围堵栏内,并用撇油器回收,以防止污染其他岸段。沿不敏感的海岸下部区向下冲洗油污也是可行的,因此可以在潮位几乎与被污染岩石的高度相当时实施这类操作。

要获得理想的效果,就应该持续不断地调节水压与用水量。

高压冷(热)水冲洗法和蒸汽清理法:这两种方法会对生态环境造成毁灭性损害,可能摧毁岩石海岸的自然生态群落,并大大延缓恢复速度,所以,只应在考虑其他因素而可以不考虑这些损害的时候,才使用这两种方法。如果是在小面积海岸上部区清除焦油或油渍,应该在高潮时使用这些方法,在使用时要圈闭,并清除油污渍水。

消油剂:虽然最新消油剂由于毒性很低,对环境的损害有限,但是,在喷洒消油剂后,消散到水中的油污,还是会污染使用前未受污染的其他水域,使用时要将油污圈闭并清除。使用消油剂使得某些油类更容易被清除(即不必使用繁杂的物理清理方法),但消油剂对黏度高的油类没什么作用。

吸附剂:使用吸附剂的限制条件很多,因而,只用以处理小面积(如岩池)的液态油污。在缺少吸油设备的情况下,使用吸附垫可以快速清除岩池水面的油污。这应该是一个很简单的人工操作方法,但操作完成后,对吸附材料不应置之不顾,而要迅速清除并做适当处置。

人工清除:在冲洗之后,会有油渍海藻或焦油块散落到岩石海岸线上,可用手工清除它们。这一方法主要考虑的是海岸的宜人特性,而不是生态环境,而且环境利益分析可能要考虑大规模踩踏对海岸的影响。

1.4.3.3 盐沼地清理方法

在盐沼地上,因为布满了稀泥浆和纵横交错的小河沟,还可能群居着一些潜在的危险动物(如毒蛇),所以清理溢油工作是很困难和危险的。而且,由于没有任何一种清扫方法能够减少综合性危害,因此,一般不在盐沼地上进行清扫溢油作业。

对于块状的油,唯一实际的方法是人工将其拾起来。如果这些油块是在比较平坦的易于到达的地方可以使用细齿耙。收集起来的油块,可以烧掉或送到选定的弃置地点。如果草地上广泛地布满了油,采用喷洒去污剂后用水龙带冲水,无疑能够将这些油清除,但这要以杀死大量的生活在沙土和溪流中的动植物为代价,因此,应避免采用这种方法。

使用重型设备收集沉积在沼泽地上的油,将会对沼泽地造成损害,所以任何清扫作业都必须用手工或非常轻便的设备来进行。

1.4.3.4 红树林海岸清理方法

在红树林海岸和湾口地区以及红树林内部的小水潭等水面以围堵和回收为主,应使用围油栏及撇油器进行清理。

对红树林中散布的游离油污和土壤、沟壑中积存的油污可用低压水冲洗,这种方法对植物影响较小,但是对于渗入地下油污起不到作用。

对于泥土表面的溢油,可采用适当的吸油材料进行处理,阻止溢油在沉积物中继续下渗,但要注意对吸油材料的统一回收处置。

对于受溢油影响的红树林区域究竟是否应该用消油剂进行处理,一直以来有很大的争议。有实验数据表明,消油剂处理后的溢油对红树林的影响要小于未经处理的溢油,但是消油剂本身会对水中的生物体产生影响。因此在具体处置过程中要综合考虑环境中首要保护的目标,根据油品性质、海况、气象条件等,权衡是否使用消油剂。

1.4.3.5　珊瑚礁清理方法

珊瑚礁水域不方便船只航行,给机械方法处理溢油造成很大障碍。在水面平静、水深略深、能够满足船只航行的水域,可以适当使用围油栏和撇油器。除此之外,自然清理往往更加合适。

对于未出露水面的珊瑚礁,不使用消油剂更为有利。当水中使用消油剂后,溢油分散后的颗粒与消油剂一同分散于水体中,极大增加了溢油与珊瑚礁接触的可能性,更易对珊瑚礁造成损害。但考虑到珊瑚礁往往与近岸的海草床、红树林等敏感的生态系统共生,为全面考虑溢油对这些敏感生态系统的影响,酌情使用消油剂。

1.4.3.6　人工建筑——防波堤和海边游廊的清理方法

在处理人工建筑时,进行有力地搅动(如用刷子刷),然后用水龙带冲洗,可以使被污染的表面变得很清洁,但必须采取措施收集冲洗过后的水。

使用可以控制方向的高压水龙带,可以清洗几乎任何被污染的表面,但必须使用围油栏来包围被冲下来的污染物。可以在碎浪区的外围布设围油栏和使用撇油器回收所产生的浮油,也可以用潮汐和波浪涌动来清洗海滩。

1.5　国内外影响岸滩的溢油案例

历史上发生的溢油事故按照发生主体可分为石油平台/管道溢油、船舶碰撞溢油、近岸储油设施溢油。溢油发生在近海或沿海陆地、溢油量较大、沿岸水动力影响等条件下,都可能对岸滩生态系统产生影响。

1.5.1　"瓦尔迪兹"号溢油

1989 年 3 月 24 日,油轮"瓦尔迪兹"号在从阿拉斯加瓦尔迪兹开往加利福尼亚洛杉矶的航行途中,为躲避冰山而偏离正常航道,不幸撞上了阿拉斯加威廉王子湾的 Bligh 暗礁。此事故约造成 25 亿美元损失,"瓦尔迪兹"溢油成为美国水域有史以来最大的污染事故。这次溢油事故直接促成了"环境法医学"的产生。

据统计,这起事故造成约 3 000 万加仑原油泄漏,影响波及 1 900 km 海岸。原油泄漏事件对于威廉王子海峡造成了严重的生态灾难,数以万计的动物当即死亡。根据保守估计,共有 250 000 只海鸟、2 800 只海水獭、300 只斑海豹、250 只秃鹰、22 只虎鲸以及亿万条三文鱼和亿万枚鲱鱼蛋受污致命。即使当一年之后,原油泄漏迹象不大明显的时候,间接的污染影响仍然存在。因为吃了被污染的海洋生物,许多海水獭和海鸟在几个月内生病死亡。岸边的动物们也因食用受污染的猎物,而大量地病亡。

事故发生 20 年后,科学家们发现,原本这里居住的 346 种候鸟只剩下 7 种,其余的或是死亡或是离开。2009 年,一支来自北卡罗来纳大学的科研团队指出,"瓦尔迪兹"号泄漏事件的影响至少还要持续 30 年。

1.5.2 "威望"号溢油事故

2002 年 11 月 13 日,装有 $7.7×10^4$ t 燃料油、船长 243 m 巴哈马籍老龄单壳油轮"威望"号在从拉脱维亚驶往直布罗陀的途中,遭遇强风暴,与不明物体发生碰撞,并在强风和巨浪的作用下失去控制,船体损坏导致燃料油泄漏。在风浪作用下,溢油带和失控油轮向西班牙的加利西亚海岸方向漂移,并在距海岸 9 km 处搁浅。搁浅时船底裂开一个长达 35 m 的缺口,近 4 000 t 燃油从舱底流出,形成一条宽 5 km、长 37 km 的油带。11 月 17 日,西班牙政府下令将"威望"号拖到大西洋西南海域离出事海域 104 km 之外的地方进行抢险,由于"威望"号船体破损,并受风浪冲击,11 月 19 日船体发生断裂,随后沉没在约 3 600 m 深的海底,到油轮沉没时约有 17 000 t 燃料油已经泄漏,污染最严重的海域,泄漏的燃油有 38.1 cm 厚。其后较长的一段时间,沉没的"威望"号仍继续溢油,法国的部分岸线也受到了污染。

事故导致西班牙附近海域的生态环境遭到了严重污染。溢油污染了西班牙近 400 km 的海岸,著名的旅游度假胜地加利西亚面目全非,岸滩上堆积了厚厚一层油污,近岸的河流、小溪和沼泽地带也受到严重污染。受"威望"号溢油影响最严重的是渔业与水产养殖业,一些野生动物也受到不同程度的污染。"绿色和平"组织官员警告说,存有数万吨原油沉在深海的"威望"号就像一颗随时可能爆炸的"定时炸弹"。这次溢油泄漏事件堪称世界上有史以来最严重的灾难之一,西班牙政府为此向有关责任方提出了 20 亿欧元的巨额索赔。

鉴于以"威望"号为代表的单壳油轮灾难性污染事故频发,国际海事组织修订了《国际海上防污染公约》相关附则条款,大幅度缩短了单壳油轮的使用年限,确定了对单壳油轮进行淘汰的时间表。

1.5.3 墨西哥湾溢油事件

2010 年 4 月 20 日夜间,位于墨西哥湾的"深水地平线"钻井平台发生爆炸并引发大火,大约 36 小时后沉入墨西哥湾,11 名工作人员死亡。钻井平台底部油井自 4 月 24 日起漏油不止。事发半个月后,各种补救措施仍未有明显突破,沉没的钻井平台每天漏油达到 5 000 桶,并且海上浮油面积在 4 月 30 日统计的 9 900 km² 基础上进一步增加。此次漏油事件造成了巨大的环境灾难和经济损失,海底部油井漏油量从每天 5 000 桶,到后来达(2.5~3)×10⁴桶,演变成美国历来最严重的油污大灾难。

事故周边近 1 500 km 海滩受到污染,至少 2 500 km² 的海水被石油覆盖,并引发影响多种生物的环境灾难,当地渔业和旅游业都受到波及。美国政府的在 11 月的调查报告指出包括 6 104 只鸟类,609 只海龟,100 只海豚在内的哺乳动物死亡。

1.5.4 大连"7·16"溢油事故

2010 年 7 月 16 日,大连新港发生特大输油管线爆炸事故,导致大量原油泄漏并引发大火。此次事故是大连,也是我国发生的最严重的海洋溢油事故之一。根据官方通报,此次溢油量为 1 500 t 余,造成 430 km² 海面污染,其中 12 km² 为重度污染海域,一般污染海域为 52 km²。溢油随着风向、潮流漂移扩散,从金石滩至旅顺海域都有油污分布,主要集中在大连湾、大窑湾、小窑湾和金石滩附近海域。傅家庄、棒棰岛、金石滩等沿线的海滨浴场及滩涂养殖区附近也面临严重威胁。大连作为辽宁经济的增长极,对环渤海蓝色海洋经济圈有强劲的推动力,靠海发展是大连人民的生计。纵观大连沿海产业布局,此次溢油事故不仅对海洋渔业、滨海旅游业、海盐业、沿岸食品加工等沿海产业造成直接经济损失,而且对海洋生态环境造成严重损害。

1.5.5 蓬莱"19-3"油田溢油

2011 年,蓬莱"19-3"油田 B 平台和 C 平台先后发生溢油事故,对海洋环境造成严重损害。

溢油事故造成蓬莱"19-3"油田周边及其西北部面积约 6 200 km² 的海域海水污染(超一类海水水质标准),其中 870 km² 海水受到严重污染(超四类海水水质标准)。同时,还造成蓬莱"19-3"油田周边及其西北部海底沉积物受到污染。2011 年 6 月下旬至 7 月底,沉积物污染面积为 1 600 km²(超一类海洋沉积物质量标准),其中严重污染面积为 20 km²(超三类海洋沉积物质量标准);至 8 月底仍有 1 200 km² 沉积物受到污染(超一类海洋沉积物质量标准),其中 11 km² 受到严重污染(超三类海洋沉积物质量标准)。

除对事故周边海域海水和沉积物环境造成严重影响外,还影响了周边岸滩环境。2011 年 7 月中下旬在辽宁绥中东戴河岸滩发现油污,呈不均匀带状分布,带长约 4 km,宽度约 0.5 m;在河北唐山浅水湾岸滩发现油污,呈带状分布,高潮线附近油污带宽 1~1.5 m,带长约 500 m,低潮线附近油污带宽 1.5~2 m,带长约 300 m;在河北秦皇岛昌黎黄金海岸岸滩发现油污,在高潮线附近零星分布,长度约 1.2 km。在以上区域采集的油样经油指纹分析鉴定,均与蓬莱"19-3"油田溢油油指纹一致。

此外,溢油事故致使蓬莱"19-3"油田周边及其西北部受污染海域的海洋浮游生物种类和多样性明显降低,生物群落结构受到影响。

溢油事故发生后,国家海洋局、农业部依据职责分别开展海洋生态损害索赔、养殖渔业损失和天然渔业资源损害索赔工作。

第 2 章　国内外岸滩溢油监测评价研究进展及业务工作需求

为了快速、准确地进行岸滩溢油监测,国外研究机构制定相关监测手册以规范一线监测人员作业。美国国家海洋与大气管理局(NOAA)制定了《岸滩评价手册》,规范岸滩溢油监测流程,制定长岸滩带状、短岸滩带状、油球及湿地溢油监测调查表,监测内容包括对溢油岸滩类型、溢油类型、岸滩表面溢油及下渗油层面积、厚度监测等。该手册根据岸滩溢油覆盖率、厚度、类型对溢油类型进行分类,规范专业术语;依据岸滩形态、水动力及沉积物类型等,确定岸滩环境敏感指数(ESI);根据 ESI 将岸滩分为 10 大类;规范带状溢油量计算方法,对岸滩溢油量进行定量分析。与之类似,法国水污染事故文献研究实验中心(Cedre)制定《岸滩溢油监测手册》,详细介绍岸滩溢油监测目标、监测方案制定,规范岸滩类型及溢油登陆状态描述,计算岸滩溢油量,为应急决策及之后的监测工作提供辅助。基于 NOAA、Cedre 等研究成果,地中海区域海洋污染应急响应中心(REMPEC)制定了《地中海岸滩溢油监测评价手册》,对前期准备、人员安排、安全作业和数据收集做了详细介绍,规范岸滩类型区分、溢油状态描述及表格填制,以快速、准确、系统地进行岸滩溢油监测。国际邮轮船东防污染联合会(ITOPF)对岸滩溢油类型及状态进行分类描述,结合溢油类型及岸滩类型,规范溢油量计算方法。规范监测方案设计、站位布置和溢油样品(水样、沉积物和生物样品)的采集方法、监测要素及分析方法。Gordon 等编制《溢油样品采集和储存操作手册》,规范了针对溢油岸滩中水体、生物和沉积物的监测方法。

目前,国内尚未有岸滩溢油监测评价指标体系方面的论文报道。在大连"7·16"溢油和蓬莱"19-3"油田溢油岸滩影响监测评估报告中,虽然也有关于岸滩溢油监测评价方面的描述,但未形成监测指标体系,方法的随意性较大,难以满足今后大型溢油事故岸滩监测评价的要求。

2.1　美国海岸线溢油评估技术

2.1.1　美国海岸线溢油清理评估(SCAT)工作简介

美国岸线评估工作是海岸线溢油清理评估技术(SCAT)的一部分。自埃克森·瓦尔迪兹号溢油事件发生之后，海岸线溢油清理评估技术(SCAT)得到快速发展，许多组织制定了海岸线溢油清理评估技术方案、手册和培训课程。之后，美国国家海洋与大气管理局的反应和修复办公室(OR&R)和加拿大环境部制定了海岸线溢油清理评估技术方案及相关产品，在应对2010年卡拉马祖河、密歇根州、黄石河、蒙大拿州溢油事件时收到了很好的效果。

2004年阿拉斯加州Selendang Ayu溢油和2007年旧金山湾M／VCosco Busan溢油事件期间，海岸线清理评估技术方案做了很多改进，引进了海岸线修复方案(STR)和海岸线清理评估技术方案数据库。在2010年Deepwater Horizon溢油事件中，26个SCAT团队，包括联邦、州、地方和英国石油公司(BP)的工作人员，采用标准方法和术语开展了实地调查，记录了溢油位置、污染程度、海岸线溢油特点等。截至2013年5月，参与调查的7 100个SCAT团队已经调查了7 058 km海岸线，而且，部分相同的海岸线会被反复调查，实际上已调查海岸线超过46 000 km。强大的SCAT数据库和报告工具逐渐细化，这对于管理海岸线清理评估技术方案(SCAT)来说必不可少。

在处理溢油应急事件时，SCAT是事故指挥系统(ICS)的一个组成部分。《美国海岸警卫队事件管理手册》(USCG，2013年)对应急组织结构、角色及其他有关ICS的信息做出了规定。ICS结构中的SCAT功能，适用于环境单元(EU)中规划部门与操作部门。SCAT团队通常由州和联邦机构的代表组成，责任方(RP)和美国海岸警卫队(US-CG)或美国环境保护局(USEPA)作为联邦现场协调员(FOSC)。团队成员应该接受培训并知晓自己的角色，其中包括：协调员、组长、团队成员以及数据管理员。按照国家应急计划，美国国家海洋与大气管理局的科学支持协调员(SSC)是联邦现场协调员(FOSC)的主要顾问。

由于SCAT团队是统一指挥中心的"眼睛和耳朵"，他们的主要职责包括：描述海岸线类型、漂油状况和物理环境、识别敏感资源(生态、休闲、文化)、确定是否需要清理、推荐海岸线清理方法、建立优先清理名单、监测清理效率和效果、在需要改进的地方提出建议、确定何时清理操作不再有效。

只要海岸线溢油被发现，SCAT流程即开始工作。岸线溢油评估是最先要开展的工作，具体包括确定海岸线的类型、污染程度等。SCAT团队首先进行初步的海岸线调查，并完成海岸线溢油调查(SOS)表格。SCAT团队根据调查结果实施清理作业。NOAA编制了评估手册，海岸线评估小组成员使用袖珍的、薄本的现场指南实地监测，并以简洁的、系统的、标准的格式准确记录。

岸线溢油评估主要考虑的因素包括：溢油量和产品类型、溢油的空间范围(如受影响的英里数或英亩)、可能受影响的海岸线类型数量、敏感程度和复杂性、SCAT调查所需的时间估计(天、周、月)以及SCAT数据管理的复杂性、需要的SCAT团队的数量、溢油均匀性或复杂性、分隔段内多个区域溢油和一个区域溢油、"三维"溢油(如沼泽、红树林、森林湿地等地的溢油)、埋藏油、溢油源的变化、受濒危物种栖息地、文化、娱乐、工业资源等。

2.1.2 美国海岸线溢油调查流程

2.1.2.1 准备工作

每次的评估活动要根据溢油的情况而定,灵活性非常重要,但每个海岸线评估工作都必须做好如下准备。

(1)海岸线评估工作手册:帮助海岸评估队伍用简约、系统、标准的格式准确记录实地观察数据,内容包括彩色的海岸评估实例照片、海岸种类以及清洁方法组成。

(2)个性化响应措施:一本专门为溢油制定的响应手册,包含了根据技术参数选择工作方式、具体目标描述、适用的栖息地描述、什么时候使用、限制岸段等。

(3)个性化海岸栖息地:展示了典型的溢油对海岸栖息地造成的影响,指南中涵盖了18种海岸,包括其地形图、描述、监测应该考虑的问题以及表格。

(4)环境敏感指数(ESI)地图:提供详细的海岸栖息地数据、敏感生物资源及人类利用资源数据。

(5)开阔水域空中油类观察指南:为开阔岸线溢油监测提供指导。

(6)国际油轮船东污染协会(ITOPF)信息文件:一共有17篇论文,包含技术优势的描述和ITOPF最近收集的海域污染的信息。每篇论文都以简洁的方式论述了不同的话题,并带有大量的图片和表格。

2.1.2.2 前期勘测

主要目标为获得海岸种类的大致信息及污染物对地区环境的影响程度,确定海岸线溢油区域,确定物资运输的局限,提供相应信息给海岸评估和清洁队。

勘测必须在油污抵达到新的区域前进行,需要对当地的地形和资源非常熟悉,勘测方式最好进行空中观察,也可用船只、车辆或者步行的方式观察。要制定详细的飞行观察计划,告诉驾驶员调查的目标、航行方向、可能的时长以及对飞行高度的特殊要求。直升机或者其他飞机必须飞过整个受影响的区域(大约400英尺高,速度控制在每小时100英里)。将飞行安排在退潮时以便最大限度观察到可能受影响的区域。用GPS、地形图或者航海图来记录飞行航线(包括日期和时间)、与描述相符合的海岸线溢油状况、溢油区域、可能影响海岸线溢油的条件、拍照或者录像留作证据、记录重要的调查点。航空调查后,将记录数据、航迹线、照片等合成到一份报告中分享给其他SCAT成员。

2.1.2.3 岸线敏感指数

ESI(Environmental Sensitivity Index)是NOAA有毒物品反应评估处研制的用于美

国沿海和大湖地区溢油应急反应敏感图制作的岸线敏感性指数。ESI 原则上把岸线分为 10 级,即 ESI 由 1~10 级敏感性逐步增大,不同的 ESI 级别分别代表不同岸线类型。另外,对应不同的 ESI 数值,有相应的处理对策建议。

ESI 是一个包含了岸线敏感程度、岸线类型、岸线清理建议对策等诸多内容的综合性指数,它不是一成不变的,而是随岸线类型的变化而改变。由于 ESI 只有 10 个级别,远远不能包括所有的岸线状况,因此 ESI 出现了 1a、10b 等细化插值的情况。另外,不同国家地区在实际使用 ESI 时,对其 10 个分类级别对应的具体岸线也有不同的定义。敏感资源数据库中,ESI 分类主要考虑 NOAA 的基本分类方法和解释。

(1)ESI=1,表示该处岸线为暴露的岩石峭壁及海墙。

由于波浪的往复冲击作用,溢油会被冲到远离陡峭岩石的外海;任何粘附在峭壁上的溢油会迅速地从岩石表面被冲刷下来;大多数滞留的油会在岸线的高潮线以上部位形成一条不规则的油带;溢油对潮间带造成的影响一般是短期的;在岩石峭壁的结合处,油溢会渗透至地下;在高浓度的溢油带生物群落会受到严重损害。

保护建议和清理方法建议:进入岩石削壁地带通常比较危险,也比较困难,因此一般不采取清除行动。在人工海岸(人工构筑物)地带,用高压水冲刷溢油以防止溢油从构筑物中慢慢渗出。

(2)ESI=2,表示该处岸线为暴露的岩石平台。

溢油一般不会附着在岩石平台上,但通常会累积在高潮线附近,溢油会渗透在岸滩的底质中,滞留在底质中的油通常是短期,除了一些波浪的掩蔽地带和大面积滞留的溢油。

保护建议和清理方法建议:通常不需要采取清除行动,如果可以进入高潮区,可以清除滞积的重油以及油污碎石。

(3)ESI=3,表示该处岸线为细砂海滩。

轻质油将会沿着潮间带的高潮线形成积累,重质油将会覆盖整个岸滩表面,溢油渗入细砂海滩的深度将会达到 10 cm 左右,生长在潮间带的生物体将会被杀死。

保护建议和清理方法建议:这类海滩属于最容易清除的海滩,要等待所有的溢油被冲至高潮位区域后,再采取清除、转运溢油的行动。从海滩上搬运油污的沙时,要避免至处散落,要保护清洁地带,不论是人工清除还是机械搬运,都要注意尽量减少搬运沙子的体积(只需搬运表层污染的沙子),以减轻油污物的处置量。清除过程中还需注意防止机械以及人的双脚将油污沙踩到较深的底质中。

(4)ESI=4,表示该处岸线为粗砂海滩。

轻质油主要在高潮线位附着沉积形成油带,溢油会扩散到整个海滩表面,渗入细砂海滩的深度可达 25 cm。

保护建议和清理方法建议:油的清除搬运主要集中在高潮线位,底质的搬运要避免到处散落,避免将油污沙踩入海滩的深层。如采用重型机械清除搬运可能导致搬运量过大(挖掘过深),所以人工清除可能更为有效。

(5)ESI=5,表示该处岸线为沙与砾石混合的海滩。

小规模溢油,溢油会沿着高潮线沉积附着;大规模溢油,会扩散覆盖整个海滩。溢油渗透至沙滩底质中可深达 50 cm,若海滩中沙子的比例战大于40%,油在海滩的渗透更近似于沙滩。被油沾污的海滩进行填埋时要超过高潮线,在较为掩蔽的岸滩,在其表面可能形成一层壳状油层,一旦形成,则非常稳定,可一直存在很多年。

保护建议和清理方法建议:从高潮线位开始,有的油污碎石均要清除,尽量减少对底质的搬运。采用低压水冲洗,可将油从底质中漂浮至表面,再用撇油器或吸油材料回收,一定避免用高压水,因为可能导致细的底质(沙)被运移扩散至潮间带下潮位区域。

(6)ESI=6,表示该处岸线为石滩(乱石堆)。

该处溢油的渗透作用很强,在较暴露的海滩,溢油通常被推至高潮线以上,在相对掩蔽的海滩,若溢油积累较多,易形成壳状油层。

保护建议和清理方法建议:所有的油污碎石均要清除,尤其是积累在高潮线位的洼积污油。尽量减少对底质的搬运,采用低压水冲洗,将油从底质中漂浮至表面,再用撇油器或吸油材料回收,对于严重污染的砾石可将其搬移,代之以干净的砾石。

(7)ESI=7,表示该处岸线为暴露的潮汐滩涂。

溢油通常不会停留在滩涂表面,一般会在高潮线附近附着,如果溢油浓度高,在退潮时,溢油会沉淀粘附在滩涂表面。

保护建议和清理方法建议:该处采取清除行动是非常困难的(如果可能的话,也只是在落潮时),潮流和海浪的冲刷对油的自然消散非常有效。严禁使用重型机械以防止油与底质相混,在沙质滩涂上,油会被自然作用运移至相邻的海滩,可以考虑采取清除行动。

(8)ESI=8,表示该处岸线为掩蔽的岩石海岸。

溢油容易在粗的岩石表面滞留,尤其在高潮线形成一条明显的油带,重油及风化的油会覆盖潮上带。溢油会在岩石的断裂地带滞留,当岩石表面的乱石较为疏松时,溢油渗入到较深的部位,对底质的污染是长期的。新鲜的油以及轻质石油炼制品对附着在表面的有机物具有很高的急性毒性。

保护建议和清理方法建议:当溢油未风蚀时,采用环境温度低压水或高压水喷刷往往很有效。要特别注意在潮间带低潮位生物繁茂的地区,不要进行喷刷;不要砍伐被油污染的藻类,潮汐作用会将油污漂浮,从而考虑布设吸油式围油栏。

(9)ESI=9,表示该处岸线为掩蔽的潮汐滩涂。

溢油通常不会附着在滩涂的表面,但会在高潮线附近形成附着,如果溢油量较大,溢油会在退潮时留在滩涂表面,溢油几乎不渗入底质中。在悬浮物较高的地带,被吸附的油可导致沾染的底质滞沉在滩涂上。

保护建议和清理方法建议:通常在溢油中这类地区是高度优先保护的地带。在滩涂上采取清除行动通常是非常困难的,因为底质非常软,而且许多方法禁止使用。用浅吃水船人工布设吸油材料可能有所作用。

(10)ESI=10,表示该处岸线为沼泽地带。

溢油容易粘附于沼泽地带(泥地具有低能环境的特征),形成污染的油带范围可能比较宽,取决于潮汐发生的阶段及油膜所处的位置。大片的油膜,可能会覆盖高潮线至低潮线的范围,中等及重质油,不易粘附或渗透至细的底质中,但容易洼积在沼泽地表面。轻质油容易渗入至底质数厘米处,有时渗入缝隙中达 1 m 左右。

保护建议和清理方法建议:轻度污染地,最好让其自然消散;严重积油污染处可用真空泵、吸油材料或低压水冲刷,要注意防止油污扩散运移至低坡度的敏感地带。清除行动要避免对植被的损害,任何清除行动都要禁止将油混入底质中。

2.1.2.4　海岸线调查

根据勘测结果和岸滩敏感指数地图,将需要监测的岸滩分段,制作基本的调查地图。分段区域必须在有溢油情况极其受影响地区内(通常 0.2~2.0 km)。对于长海岸线,选择固定的长度(比如 500 m)进行分段标记。用数字和字母组合的方式将分段标记(比如在大石岛上的第 9 块区域就标记为 BI-9;区域 A 的第一个分段就用 A-1 标记)。当对一条河分段的时候,河的千米数和河岸经常用于分段名。

海岸线调查主要是收集海岸线类型、溢油状况、生态环境状况和人类使用资源的数据。调查人员根据分段监测任务,描绘海岸线特点、表面油状况、地表下油状况以及特殊考虑(生态、娱乐和文化因素),填写海岸线调查(SOS)表格。必要情况下,画出岸段的污染草图,集中说明溢油的分布和特殊问题。基于需要,采集溢油、海水、沉积物样品。每天及时完成调查,在时间节点之前完成汇报。

2.1.3　美国的海岸线溢油调查表格和术语、代码

2.1.3.1　记录表格

使用标准表格、术语描述和汇报海岸线溢油状况是海岸线评估的基本要求。海岸带调查表格包括海岸线漂油调查(SOS)表格、湿地 SOS 表格、焦油球 SOS 表格、河流和小溪 SOS 表格、现场观察表格等。各类表格记录的主要信息如下。

海岸线漂油调查(SOS)表格:包括溢油基本信息、岸线类型、分布范围等信息,适用于大部分沿海海岸线溢油状况。当漂油分布不超过 1%,这个表格同时记录了焦油球溢油状况、下渗油溢油状况等内容。图 2-1 给出了美国海岸线调查(SOS)综合表格

示例。

COMBINED SHORELINE OIL SUMMARY (CSOS) FORM: _Example_ Spill Page 1 of 2

1. GENERAL INFORMATION

	Date (dd/Month/yyyy) (please use month name)	Time (24h standard/daylight) (00:00 to 00:00)	Tide Height
Segment ID: LALF01-044-30	23/September/2012	09:40 to 11:20	L / M / H
Segment Name: CALUMET ISLAND			Rising / (Falling)

Survey By: (Foot) / ATV / Boat / Helicopter / Overlook / Other   Weather: (Sun) Clouds / Fog / Rain / Snow / Windy / Calm

2. SURVEY TEAM

Team Number	Name	Organization	Name	Organization
4	J. Smith	NOAA	D. Jones	RP
	B. White	State		
	C. Black	USCG		

3. SEGMENT

	Total Length: 5800 m	Length Surveyed: 5800 m	Datum: WGS84
Survey Start GPS:	WP: 389	LAT: 29 . 10362	LONG: 90 . 36169
Survey End GPS:	WP: 405	LAT: 29 . 10366	LONG: 90 . 36184

4a. BACKSHORE CHARACTER: Indicate only ONE Primary type and ALL Secondary types
Cliff/Slope   Lowland   Beach   Dune   Wetland P   Lagoon   Delta   Channel   Man-Made :

4b. ESI SHORELINE TYPE: Indicate only ONE Primary (P) and ANY Secondary (S) types. CIRCLE those oiled.
Primary: 10A   Secondary: 3A

5. OPERATIONAL FEATURES   Oiled Debris? Yes /(No) Type: Amount: (bags)
Direct backshore access? Yes (No)   Alongshore access from next segment? Yes (No)   Suitable for backshore staging? Yes (No)
Access Description / Restrictions: Access along south-facing shoreline; shallow water-access restricted

6. OILING DESCRIPTION: Indicate overlapping zones in different tidal zones by numbering them (e.g. A1, A2)

Zone ID	ESI Type	WP Start	WP End	Tidal Zone LI	MI	UI	SU	Zone Area Length (m)	Width (m)	Distr. %	Size # per unit area	Avg Size (cm)	Large Size (cm)	Oil Thickness TO	CV	CT	ST	FL	Oil Character FR	MS	TB	PT	TC	SR	AP	No
A	10A	389	390			✓		~500	—	—																✓
B	3A	390	391			✓		~220	0.5	<1%	50/m²	0.5	5	(TO)✓	✓									B		
C	3A	391	397			✓		~275	2.0	1%				(TO)✓	✓									B		
D	3A	394	396				✓	~150	10.	<1%	1/m²	5	10	(TO)✓	✓									B		
E	3A	397	399			✓		~400	1.0	<1%	50/m²	0.5	2	(TO)✓	✓									B		
F	10A	399	405			✓		~4250	—	—																✓

7. SUBSURFACE OILING CONDITIONS: Format: Zone ID dash Trench Number in that Zone, e.g., "A-1, B-1, B-2"

Pit #	WP	Substrate Type Surface / Subsurface	Tidal Zone LI	MI	UI	SU	Trench Depth (cm)	Oiled Interval (cm-cm)	Subsurface Oil Character OP	PP	OR	OF	TR	TB	SR	AP	NO	%	Water Table (cm)	Sheen Color B,R,S,N	Clean Below Yes / No
C-1	392	Mud/Mud			✓		10	0									✓		>10	N	Yes

8. COMMENTS: Cleanup Recommendations; Ecological/Recreational/Cultural Issues; Wildlife Observations; Oiling Descriptions
<1% SRBs along majority of south-facing sand beaches and pocket beaches between outcropping relict marsh platforms.
Zone C does not meet endpoints. SRBs highly weathered.
3m oiled sorbent boom recovered
all tidal zones surveyed.

Sketch: (Yes) / No   Photos: (Yes) No   Photo Numbers: (21 - 46)   Photographer Name: J. Smith

图 2-1   美国海岸线调查 SOS 表格

湿地 SOS 表格:包括沼泽地溢油特点以及污染植被高度、厚度和植被被油污的百分比。

焦油球 SOS 表格:用来记录大量散布的焦油球溢油的详细信息。

河流和小溪 SOS 表格:适用于内陆溢油,尤其是 2010 年密歇根州科罗拉多河 Enbridge 溢油和 2011 年蒙大拿州黄石公园的 Silvertip 漂油。

2.1.3.2 标准术语及代码

模糊的词语,如"重"溢油,不能为评估溢油状况提供准确的描述。岸滩调查人员采用标准的术语和代码对溢油进行描述,海岸线调查 SOS 表格中的术语和代码规定如下:

1)岸滩类型代码

R:基岩岸滩;B:卵石滩(直径大于 256 mm);S:沙滩(粒径 0.06~2 mm);C:鹅卵石滩(粒径 64~256 mm);M:泥滩(淤泥和黏土,粒径 0.06~2 mm);P:卵石滩(粒径 4~64 mm);RR:乱石滩。

2)溢油岸滩分布状态描述代码

C:连续污染,覆盖度 91%~100%;B:大部分污染 51%~90%;P:少部分污染 11%~50%;S:零星污染 1%~10%;T:微小痕迹小于 1%。

3)溢油厚度描述代码

TO:新油或油层厚度大于 1 cm;CV:覆盖状态的新油或油层表面 0.1~1 cm;CT:外表可见,厚度小于 0.1 cm,可用手指剥离油层;ST:可见,不能用手指剥离油层;FL:透明或有彩虹色油光或油膜。

4)油污状态描述代码

FR:新油(未风化的,可流动溢油);MS:大面积乳化油;TB:焦油球(直径小于 10 cm);PT:油饼(直径大于 10 cm);TC:焦油(风化的溢油,流动性差);SR:表面油残渣(非黏性,软性沥青);AP:沥青。

5)下渗溢油描述代码

OP:孔隙被油填满,油从沉积物中流出。PP:孔隙被油填满,油不会从沉积物中流出;OR:油残渣,沉积物中沾有黑色或棕色溢油,但在孔隙中没有或很少有溢油积,分为严重油残渣(HOR)、重度油残渣(LOR)和轻度油残渣(LOR)3 个等级;OF:沉积物上沾有油膜;TR:沉积物上沾有不连贯的油膜或油污,或有溢油的气味。

2.2 法国岸滩溢油监测与评价

在法国环境与可持续发展部资金支持下,法国水污染事故资料研究中心(Centre de documentation, de recherche et d'expérimentations)于 2006 年编制了《岸滩溢油调查手册》,以替代 2000 年发布的指导手册。该手册明确了岸滩溢油监测现场调查目标、内容及技术手段,掌握了溢油对岸滩生态环境影响,为管理者后续清污响应措施提供建议中起到重要的作用。

2.2.1 调查目标

溢油事件发生后,现场核查溢油灾害状况,调查溢油岸滩类型及溢油登陆状态类型,并对溢油规模、污染程度进行评价,初步分析溢油源,为管理部门应急决策提供技术支撑。

2.2.2 岸滩类型

结合岸滩底质类型、沉积物粒度、对水动力暴露程度等,将常规岸滩类型分为2个一级类10个二级类,详见表2-1。

表2-1 法国岸滩类型及溢油特征

一级类	序号	二级类	底质类型	溢油聚集特征	污染持续时间
暴露型岸滩	1	海墙	岩石	由于波浪的往复冲激作用,溢油会被冲到远离陡峭岩石的外海	几天至几周
	2	浪蚀平台	岩石	溢油会累积在高潮线附近	几周至几个月
	3	细砂质沙滩	细砂	溢油覆盖在沉积物表面,并随着时间缓慢向间隙水中下渗	1~2年
	4	粗砂质沙滩	粗砂	溢油覆盖在沉积物表面,并随着时间快速向间隙水中下渗	1~3年
	5	砾石滩	砾石	快速向间隙水中下渗,表层较少溢油存留	3~5年
遮蔽型岸滩	6	碎石滩	碎石	碎石之间溢油的渗透作用很强,碎石表面有油油溃	3~5年
	7	细砂质潮滩	细砂	潮下带形成面状油带,1年后油带硬化	>5年
	8	粗砂滩及卵石滩	粗砂、卵石	向下快速渗透,1年后形成油壳	>5年
	9	粉砂潮滩或泥滩	粉砂、泥	由于生物活动及间隙水流动,溢油较快下渗	>10年
	10	盐沼	粉砂-泥	溢油面状覆盖,并向下渗透	>10年

注:引自 Cedre,2006.

2.2.3 溢油登陆状态

由于油污性质、岸滩类型、区域海况和天气不同,溢油登陆状态不同,《指导手册》将溢油登陆状态分为成片溢油、分散溢油和零星溢油3种定性状态,溢油状态的区别主要由长度、厚度和覆盖度3个指标确定。

大片溢油(massive):成片溢油一般呈连续或不连续面状(几百平方米)分布,厚度几毫米至几厘米,长度大于30 m。

分散溢油(sporadic):根据溢油状态又分为带状、丝带状、焦油球、油饼、油膜等,详见表2-2。

表2-2 法国岸滩表层溢油登陆状态分类

分类	沙滩	基岩或类似岸滩	规模
分散溢油	油膜		不确定
	丝带状	斑块	
	小油球	小斑点	<1 cm
	油球		1~10 cm
	饼状	斑点	10~1 m
	带状		1~30 cm
大片溢油	大片溢油	大片面状	> 30 cm

2.2.4 溢油量计算

溢油不均匀地散布于岸滩表层,且易受潮汐等水动力影响而变化,溢油覆盖率获取非常困难,为快速获取溢油覆盖率估量值,《指导手册》通过GPS定点进行图上距离测量或卷尺等方式获取溢油带长度、宽度及厚度,并选取多个有代表性区块进行溢油覆盖率估测,根据公式 $V(\text{m}^3) = L \times W \times th \times c$($L$溢油带长度,$W$溢油带宽度,$th$溢油带厚度,$c$溢油覆盖率)计算溢油体积,从而获取溢油量。

除了对岸滩溢油调查方法及技术手段进行阐述外,该《指导手册》对外业调查中资料收集内容、调查方案制定、调查工具准备、调查表格记录方式、样品采集等逐一进行规范,充分考虑了外业调查特征及可能存在的问题,便捷、有效地对岸滩溢油调查进行指导。

2.3 地中海地区海岸线溢油评估技术

2.3.1 地中海地区岸滩清理评价技术工作简介

地中海地区海洋污染应急响应中心(Regional Marine Pollution Emergency Response Centre for the Mediterranean Sea,REMPEC)在其第八次重点会议上发起并实施了岸滩溢油评价对照研究及标准指南开发项目。该中心与地中海技术工作小组(Mediterranean Technical Working Group,MTWG)及国际海事组织的国际油污防备、反应和合作及有毒有害物质(OPRC-HNS)技术小组共同实施了此项目。

项目由两个相互关联的阶段组成:第一阶段主要是对比研究现有的岸滩溢油评价指南;第二阶段为编制地中海地区的岸滩溢油评价指南,项目的最终编制了《地中海地区岸滩溢油评价指南》(以下简称《指南》)。《指南》是在国际岸滩溢油评价方法的基础上编制的,与国际岸滩溢油评价方法完全兼容,但并不反映具体国家的特性,因此可适用于任何国家。《指南》的主要方法来源于岸滩清理评价技术(Shoreline Cleanup Assessment Technique,SCAT),此技术最初由加拿大环境部开发,其主要目的是为地中海沿岸国家从事岸滩评价调查提供基础知识和方法。

《指南》共分为6大部分:前言、简介、目标、如何设计调查方案、填写岸滩溢油评价表以及表格及指导说明,它在设计过程中以简单和人性化为宗旨,删减了许多不重要的内容,并尽量避免使用晦涩的专业术语。

2.3.2　地中海岸滩溢油评价技术

在溢油事故中,岸滩溢油评价技术小组调查受污染区域,通过快速、精确、系统的工作流程并使用标准方法和术语,最终形成关于岸滩和溢油情况的空间参照文档,称为岸滩溢油评价技术。岸滩溢油评价技术调查采集的数据和信息是决策过程的关键,同时也是岸滩应急响应运行的基础。结构化、系统化、可重复性岸滩溢油评价记录方法的目标和价值,已在历次的溢油事故当中得到了证明,现在岸滩溢油评价技术已经成为许多国家溢油应急响应过程中的一部分。

岸滩溢油评价技术灵活适用于各种组织机构,可用于不同环境、不同原油、不同体积的溢油事故。虽然许多技术已经标准化,但为了匹配独一无二的溢油场景,评价程序和步骤均可视情况而定。

岸滩溢油评价技术的结果以不同形式贯穿在整个溢油事故中,例如在溢油应急响应的反应阶段可以用来定义溢油的范围和规模,并确立岸滩保护的优先级和修复潜力;在溢油应急响应的计划阶段可以用来帮助确定治理目标、优先等级、处理终点和限制条件,以及评估治理的战略与战术并准备治理方案;在操作期间可用来为不同监测单元的岸滩清理工人提供详细的指令;在终止阶段可以为之前的岸滩处理和评价提供基础并为长期监测做准备。

2.3.3　地中海岸滩溢油调查方案的设计

2.3.3.1　前期调查

前期调查对于了解海上溢油的整体情况和岸滩油污情况至关重要,一般会组织空中调查来配合海上的应急响应工作。空中调查不能提供岸滩溢油情况的细节和特征,但是可以在相对较大的区域快速提供全局性图片资料。这些图片资料对于确定岸滩调查的规模、优先顺序和调查目标非常有帮助。此外,空中调查可以帮助识别显著的漂油,特别是那些存在油污重新入海风险的区域。这些信息可以为操作小组确定岸滩修复的优先级提供帮助,因此空中调查在重大的溢油事故中被认为是非常重要的一部分。

2.3.3.2 制订岸滩地面调查计划

1) 岸滩的分段

地面调查的第一步就是将岸滩按照物理性质和沉积物类型划分成许多"监测单元",这些监测单元是岸滩处置计划的基础,在规划和操作阶段每个监测单元将分别考虑。

一种可行的方法是通过绘制环境敏感性地图来帮助界定"监测单元"。类似谷歌地图的免费卫星图像也是很有用的一种手段,但其依赖于该片区域图像的分辨率高低。监测单元之间一般以显著的地质学特征为分界线,比如岬、岸滩类型变更处、油污状况变更处,或者直接以工作区域的边界为分界线。监测单元长度一般为 200~2 000 m。每个监测单元应配备唯一标识码。标识码的编制没有固定规则,简单有效即可。

2) 调查队伍的人员组成

调查队伍的组员人数以及调查队伍的数量取决于事故的具体情况。一支调查队伍主要包括:一名有溢油应急响应经验,熟悉岸滩调查并可以快速识别和记录岸滩溢油的队员;一名熟悉受污染区域生态敏感性,能实时就环境限制、优先次序、终点等问题提供建议的队员;一名具有实际操作经验、可以识别出清理行动可能存在问题的队员。此外,如果溢油发生在有考古或文化资源的区域,需要配备一名专家来提出建议和警告,从而保护这些资源不被破坏。从安全角度出发一支队伍至少需要两人,这样就可以配合进行现场照片拍摄、草图的绘制、表格的填写。

由于溢油事故的多变性,因此无法提前确定调查队伍的数量。一般情况下,如果是小型溢油事故,影响范围仅几千米,可能仅需要一支队伍;如果岸滩情况复杂、溢油影响范围达到几十千米以上,可能需要两支或更多支队伍。

3) 调查队伍的前期准备

调查队伍每次执行现场任务之前均需要做好前期准备。其上司应该下达一个基本的简令,该简令对于确保结果的系统性和一致性至关重要。简令中应包括监测单元的分配、健康安全问题、通信和报告的频道、地图及评价表格等的分配、野外设备和补给的核实、所有队员均熟悉的评价方法等信息。

如果在一次大型的、复杂的溢油事故当中有多支调查队伍,最好是在调查前组织一次全员参与的会议,着重强调溢油水平的描述和岸滩的分类。通过会议可以促进各个队伍之间调查结果的准确性和一致性。

4) 健康、安全及福利问题

在溢油事故当中最应该关心的是人的生命安全,包括正在进行岸滩调查工作人员。因此,必须进行岸滩调查的风险评估,考虑到工作地点的特殊风险并将已识别的风险降至最低。就岸滩调查来说,首要风险主要有环境条件风险和泄漏原油潜在的爆炸风险两方面,比如:有害气体、不利天气、曲折的道路、海边的悬崖峭壁、光滑的岩石、危险的野生动物及阳光暴晒等。

岸滩调查人员应确保得到了足够的食物和饮水,并确保已获得有效的紧急通信工具。应提前向协调人员提交调查计划,如果有严重偏离计划路径的行为需及时报告。

另外,调查队伍需要一些设备来最大限度帮助他们的调查,例如,地图、评价表、指南针、铁铲、卷尺、数码相机、GPS、通信设备及个人防护设备等。

2.3.3.3 执行岸滩调查任务

表2-3列出了地中海一支调查队伍在一次有效的岸滩溢油评价中需要做到的关键步骤。

表2-3 地中海岸滩监测单元调查过程中的关键步骤

步骤	具体工作
了解监测单元 总体情况	尝试获得调查单元的总体情况,可从单点远眺观察,亦可沿监测单元边界走完全程(监测单元长度较小的前提下)。 获得岸滩溢油程度的总体概况
详细调查	建议巡视整个监测单元并作综合记录,返回溢油污染区域做更多细节性的记录。 如监测单元较长,队伍边行进边随手记录细节更有效率
拍照/录像	确保照片和视频的相关信息记录准确,可用GPS记录拍照地点
绘制草图	现场岸滩溢油污染草图可以对现场照片进行补充,并与评价表中记录的现场溢油状况紧密相连。所有关键特征的点位都应明确标出
填写评价表	一份完整的岸滩溢油评价表可以提供溢油情况的所有细节信息
离开监测点	调查队伍回顾评价内容、讨论清理方案,并就重点内容达成一致意见,至少需要就原油的状态和分布达成共识。 检查记录表和草图是否完成,检查照片和录像信息是否准确记录。 离开前清理油污的鞋子,避免二次污染。 在离开前确保所有设备、调查物品、个人用品、垃圾均已带走

在上述步骤中,下渗油污的调查监测以及现场拍摄照片需注意以下几点。

1)下渗油污

在执行岸滩调查任务时,只有怀疑油污被掩埋的时候才会进行下渗油污的调查。下渗油污只有挖掘探坑或壕沟才能发现,是否有下渗油污一方面与岸滩的基质有关,如鹅卵石或砾石就有利于油污的渗透;另一方面,与事故期间的岸滩运动有关,如风暴潮的影响。

如果探坑中发现下渗油污,首先明确探坑的以下信息:探坑的位置、探坑深度、油层厚度、油层的性质、探坑中水位的高度;其次,在地图或绘制的现场岸滩溢油污染草图上标明探坑的具体位置,且务必对探坑进行现场拍照或录像。

2)拍摄照片

照片是记录岸滩外貌的得力工具,然而现场拍照需要遵循一些原则,切忌拍摄过多照片。照片需包含岸滩的全景图、溢油区域的外观和位置、岸滩的主要环境特征、进出岸滩的路径及岸滩上正在进行的活动等信息。

建议在拍摄现场照片之前,先将事故的基本信息、时间日期、监测单元编号等信息记录到一张白纸上,并用相机拍下信息,这样在后续处理相机照片时很容易辨认出是哪个监测区块的照片。同时,尽可能在每天调查结束后将当天照片从相机导出,一方面增加了照片的安全性,另一方面也清理了数码相机的存储空间以便后续使用。务必在监测单元的草图上准确标注拍照的地点,一般来说,同一个地点拍摄照片不要超过30张。

2.3.3.4 数据核对

岸滩调查队收集的数据须快速提交到决策者手中。对于小型事故,信息在指挥中心即可完成校对;大型事故通常同时存在多个监测单元,如果仅提交原始数据会迅速导致信息超负荷,这种情况下可考虑使用数据管理系统。《地中海地区岸滩溢油评价指南》对于数据分析和管理系统没有做过多讲解,然而其中的系统评价流程生成的信息,为数据分析提供了优质的原始资料。

指挥中心需要一个专门的小组来管理这个系统,一方面确保信息能够高效地应用到清理优先权、清理技术的选择和清理终点的决策上来;另一方面为后续的评价提供历史纪录。同时,任何现存的敏感性地图均可交叉访问本次评价的数据,为后续的分析和决策制定提供便利。

2.3.4 地中海岸滩溢油评价表

《地中海地区岸滩溢油评价指南》第五章为使用者提供了岸滩溢油评价表的标准模板。该评价表共分 8 部分,依次为:基本信息、调查队伍、监测单元细节、岸滩类型、可操作性特征、表层油污状态识别、下渗油污状态识别、综合评价。指南中不仅针对每一部分如何填写都作了详细说明,并且配有范例以方便使用者理解。

岸滩溢油评价表分反正两面,表格正面的岸滩溢油信息按照指南上的介绍填写即可,表格的反面为第 8 部分总体评价,一般用来强调监测单元的重点和异常情况。此部分主要对现场观测到的或已知的敏感资源、观测到的任何野生动物(特别是野生动物的伤亡情况)、估算监测单元的溢油量、风暴潮等恶劣天气信息、对于后续岸滩清理活动的建议,以及对于岸滩清理活动终点建议进行总体评价。

岸滩溢油评价表一般配合现场照片、现场录像以及绘制的现场岸滩溢油污染草图共同使用,《地中海地区岸滩溢油评价指南》中结合相关案例对如何绘制现场岸滩溢油污染草图做了详细的讲解。

2.3.5　地中海溢油评价表格及指导说明

《地中海地区岸滩溢油评价指南》的第六章为相关的表格和指导性说明,主要包括:岸滩溢油评价表、表格中所用术语的定义、岸滩溢油覆盖率对比图片、岸滩溢油调查工具明细、岸滩溢油调查刻度尺、岸滩类型特征及对比图片、岸滩溢油厚度特征及分布状态特征对比图片等附件内容。

这部分内容以图例为主要讲解形式,为使用者提供直观的、方便应用的各种参考图片。例如在岸滩基质类型判断这一节当中,指南给出了生活中常见的几种物品为参照物来判断岸滩基质的类型,使使用者能快捷直观的判断岸滩基质的类型。

2.4　国际油轮船东污染组织(ITOPF)海岸溢油识别技术

国际油轮船东污染组织(ITOPF)是一个非营利组织,旨在代表世界各地的船东及其保险公司促进对油类、化学品和其他危险物质的海洋泄漏采取有效的应对措施。提供的技术服务包括:紧急事故抢险、清理技术咨询、污染危险评估、协助进行溢油应对措施规划和提供培训。ITOPF 有着丰富的溢油处置经验,技术人员编写了包括海岸线油类识别等在内的 17 篇科技论文,指导技术人员开展溢油处置。本章节根据这 17 篇科技论文中的第 6 篇海岸线油类识别,进行整理编写。

2.4.1　常见岸滩溢油类型

岸滩溢油主要由海面漂来,可能是多种类型的混合物。油轮出现的意外泄漏可能涉及原油、船用燃料油或其他炼制油品。

原油在新鲜状态下通常是黑色的液体,但溢油在海面长时间漂移,性质也会随时间推移而发生变化,溢油的黏度也会增大。同时,长时间与海水接触,溢油会发生乳化,形成黏稠、颜色为棕色的乳化油或焦油球。岸滩上乳化油或焦油球在温度较高的情况下,会释放水分,形成黑色油污。船用燃料油泄露后,外观可能呈黑色,与新鲜原油相似,但会散发出特有的味道。这种溢油可能还会形成稳定的乳状液,持久地存留下来,对海洋造成更加明显的影响。

油轮溢油事件发生后,原油和燃油可能都会泄漏,再分别被冲到岸上或以混合物形式被冲到岸上。通过肉眼无法分辨这两种油品,尤其是在这两种油的残渣与沙子混在一起后,但气象色谱质谱分析等油指纹鉴别的手段非常容易将其分辨。船舶用燃料油因其经过了特殊的炼制过程,在多环芳烃类化合物组成上较原油发生了很大变化。

其他运输的精炼型石油产品(如汽油或煤油)容易挥发,因此在泄漏后不太可能会存留下来。

船舶发动机中使用的润滑油相对而言不易挥发，这种溢油登岸后，在沙滩上往往会形成透明或半透明的圆盘状油污。另外，如船舶未按规定进行油水分离错做，船舶排放的压舱水也可能含有较高浓度的油类，对海洋环境造成污染。

油类可能通过陆源进入大海，如城市向河流排放污水、陆上工业排放以及城市下水道排放污水。不过，这些排放物中的油类浓度很少会高到可以造成严重海岸污染的程度，但有时会因波浪在沙滩上留下的潮痕中会看到棕色的油带或油膜。

在海岸线上遇到的一些油可能是非矿物油，一般为动物脂肪或植物油（如菜籽油、橄榄油等）。这些非矿物油泄露到水面上后，会呈漂浮状态，并散发出特有的、不同于石油的腐臭气味，在外观上可能呈半透明、白色或鲜艳的黄色、红色。

2.4.2 溢油的外观及持久性

岸滩溢油的外观、持久性和对岸滩生态环境的影响，在很大程度上取决于海岸线的类型，光秃岩石海岸、砾石滩、沙滩、有遮挡的泥沼上的溢油在分布状态、覆盖程度各不相同。溢油岸滩上分布很少是均匀一致的，风、波浪和水流常常会导致溢油以条纹状或片状等非连续的形式堆积在岸滩上；在有潮汐的海岸，受影响的区域更加宽广，尤其是在平坦、有遮挡的海滩更是如此；在水动力条件较弱的海岸，溢油常常局限于接近高水位线的一条狭窄油带。

沙滩上的溢油可能很快会被潮汐或风的作用下带上岸的沙层覆盖，对这种溢油的监测要采用挖掘的方式。低黏度液态油可能会渗入到沙子里面，能否渗入取决于岸滩沉积物的构造、颗粒大小和水分含量。例如，由小颗粒组成的潮湿石英砂所吸收的油量，要少于粗粒、干燥的贝壳沙的吸油量；鹅卵石滩、砾石滩和乱石滩等所储藏的溢油会更多。

蒸发、乳化、氧化、生物降解等风化过程的速度，决定着岸滩上溢油的持久性。在非人工干预情况下，岸滩溢油去除最有效的过程通常是矿物或黏土与油类形成絮凝物，在海浪作用下自然消散。

温度和海浪是加快溢油去除的因素，温度升高会加快溢油的去除，比如岸滩的焦油球在阳光的照射下会软化，从而更容易发生降解。但坚固岩石表面上的薄油层可能更加难以清除，因为它们在强烈的阳光下会更加牢固地附着在岩石表面上。海浪会将附着在岸滩上的溢油打散并冲入大海，在波浪的作用下，甚至是持久性最强地附着在岩石上的油污最终也会减小到仅存一些较小的碎油片，从而更容易被化学和生物过程降解。在有遮挡的海岸上，水动力条件较弱，波能较少，因此岸滩溢油可能会存留较长时间。如果溢油被埋在柔软的沉积物下面，海浪对其作用会甚微，而且由于处于缺氧环境，也难以降解，存留时间会更长。

2.4.3　岸滩溢油描述

岸滩溢油的描述和定量估算的溢油量,是启动海岸线清理作业及评估作业效果必备工作。由于岸滩溢油情况复杂、分布不均,因此主要采用目测和主观描述的方式进行。如果溢油被埋藏在岸滩沉积物下面、藏在岩石缝隙中或被植被等覆盖,将难以对其进行准确评估,因此,对于红树林、盐沼等被植被覆盖的岸滩、防波堤、岩石岸滩等需要做进一步调查,以对岸滩溢油进行准确描述,估算岸滩溢油量。

首先,要估算岸滩总体污染范围,并在地图上标注。对于大规模的溢油,最好采用空中监视的方式确定溢油污染范围,如利用直升机开展监测。固定翼飞机因飞行速度较快,无法进行低空详细观测。

空中观测要与徒步现场抽查结合使用,因为很多的岸滩也呈现出溢油的特征。如岩石表面覆盖的源于生物作用的银色或彩虹膜会呈现出溢油的外观,沼泽地区的泥炭露头现象、岩石上的藻类、海滩上海草或其他植物也会产生类似溢油的效果。此外,岸滩上的焦炭、煤尘、黑沙(泥)和其他黑色岩石等可能会被误认为是油类。在有些海滩上,沉积物因缺氧往往呈灰色或黑色,散发出腐烂植物的味道,这是一种自然特征,不应将它误认为是油类。技术人员可以通过仔细观察类似溢油的物质的黏稠度,以及所散发出的气味确定岸滩是否被溢油污染。

除了对溢油本身进行描述以外,岸滩溢油的监测工作应重点记录岸滩的类型、溢油影响范围。岸滩溢油监测应采用 GPS 准确记录溢油污染范围和位置,对溢油全貌和细节进行拍照,拍照过程中,应把参照物(如标尺或笔)纳入拍照范围。对于同一岸滩多次调查,尤其要注意拍照的角度应一致,以便评估溢油污染程度的变化。

2.4.4　溢油量估算

根据海岸线类型和污染程度将海岸线划分成若干段,选取典型的岸段进行溢油量估算。所选的典型岸段区域要大小适中,大到可以代表受到类似影响的整个岸段的程度,但也要满足应急工作时效性需求,能够在短时间内可靠地估算出溢油量。选定岸段后,首先估算出污染长度和宽度,如果污染程度一致,溢油平均厚度容易估算,则可以快速计算出岸滩的溢油量。受海浪的作用,溢油污染经常呈条带状分布,应选取其中一条代表性油带,估算溢油厚度,计算溢油量,从而估算整个岸滩的溢油量。对于其他溢油污染分布不一致的岸滩,要有针对性地计算溢油量。

溢油量估算仅仅是能得到一个大致的结果,较为平整的岸滩,结果较为可靠。如沙滩溢油,沙子中溢油分布较为平均,采用如下经验法则估算溢油量。即溢油净含量约等于含油沙子深度的 1/10。例如,如果溢油已经均匀渗透了 5 cm 的深度,则沙滩下的溢油量大约为 0.005 m^3/m^2。

此外,在估算溢油量时,还需考虑溢油乳化的程度。稳定的乳化溢油一般包含40%~80%的水,即"净"油量可能仅为所观察到的污染物量的1/5。但在为岸滩清理提供技术支撑资料时,一般考虑的是乳化溢油的总量。因为任何与溢油混在一起的动植物残骸、沙子或污水也需要清除,如清理受污染的沙滩,需要清除的沙子等可能是实际溢油量的10多倍。

对于一些存在较大间隙的岸滩,溢油很容易渗入岸滩内部,这种情况下,很难估算岸滩上准确的溢油量,可以使用其他定性方法来估算覆盖百分比。例如,污染程度可以描述为"轻度""中度"或"重度",或者根据标准参考值使用类似的术语进行评估,也可将受到溢油污染的岸滩与已有的溢油图片进行比较来加以评估。对于焦油球等零散溢油主要对其大小和分布进行描述。

2.5 我国岸滩溢油监测评价工作及业务需求

2.5.1 大连"7·16"溢油事故监测评价工作

我国目前没有岸滩溢油监测评价工作标准,日常的监测工作主要依靠监测人员的主观描述,评价是将描述分类整理。2010年7月16日,大连新港码头爆炸事故导致溢油入海,岸滩受污较重,国家海洋局北海分局、辽宁省海洋与渔业厅、大连市海洋与渔业局组织相关监测、执法部门开展了岸滩溢油污染监测工作。国家海洋局北海环境监测中心汇总各单位监测数据,尝试开展了岸滩溢油的评价。

2.5.1.1 岸滩油污监测工作开展与数据获取

依据溢油应急监视监测与预测的结果,考虑本次油污染事件可能产生的海洋生态环境影响,确定岸线污染评价的范围为:东北至城山头、西南至旅顺口的岸线。

采用每天一次的方式对西南至小平岛、东北至金石滩恐龙园的岸线开展陆岸巡视(未包含三山岛等海岛),记录每日岸线污染情况。重点陆岸巡视区域为大连湾、泊石湾、金石滩、棒棰岛、星海湾等62个监视区域(见图2-2)。

2.5.1.2 评价方法

本次溢油岸线影响程度仅采用目视评定结合影响岸线类型和清污难度确定,分为严重污染岸线、中度污染岸线、轻度污染岸线和零星污染岸线4种级别。各级别影响程度分别定义如下。

严重污染岸线:溢油大量漫滩岸线,或中量登陆防波堤、人工垒石等难以清理的岸线。溢油爆炸点附近岸滩,溢油初期登陆泊石湾、金石滩等地的岸线属严重污染岸线。

中度污染岸线:溢油登岸量相对严重污染岸线较少,或溢油登陆过的较易被海水

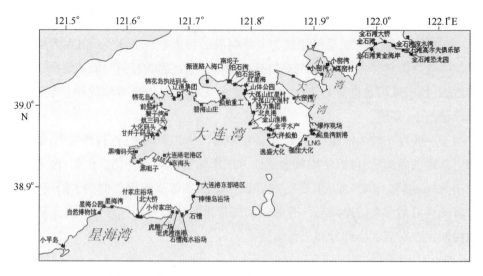

图 2-2　大连"7·16"溢油事故陆岸巡视地点示意图

冲刷的人工岸线和礁石,或后期经清理后和海水冲刷后仍有残油的人工岸线、礁石、沙滩等。老虎滩以南岸线因溢油呈条带状少量登陆,泊石湾、金石滩岸线因后期经大量清理,均属中度污染岸线。

轻度污染岸线:一般以条带状溢油少量登陆过的岸线,或经大量清理和长时间海水冲刷作用岸线残油明显降低的岸线。8 月以后金石滩沙滩、大连港东部人工岸线经大量人工清理和海水冲刷,残油量明显降低,属轻度污染岸线。

轻微污染岸线:仅零星油块或油膜登陆过的岸线,经海水冲刷作用后,残油量少,或基本不影响服务功能的岸线。小平岛至七贤岭岸线,清理完成的海水浴场沙滩等属轻微污染岸线。

2.5.1.3　岸线影响范围分析

截至 2010 年 8 月 24 日,大连"7·16"油污染事件最大岸线影响范围为:向西南影响至小平岛,向东北影响至金石滩,其中黑嘴子码头及甜水湾一带油污未曾登陆,最大影响岸线长度达 163 km,见图 2-3~图 2-6。其中,大连湾、大窑湾新港岸线污染最为严重,其次为石槽和大小窑湾,金石滩也曾受过较重污染,付家庄和黑石礁、七贤岭、小平岛污染较轻,仅有少量油污或油带登陆(见图 2-7)。

2.5.1.4　岸滩石油污染程度及趋势分析

本次溢油岸线影响程度采用登陆量、敏感程度、长期影响等指标综合评价,将污染岸线分为严重污染岸线、中度污染岸线、轻度污染岸线和零星污染岸线 4 种级别。

2010 年 7 月 16 日至 8 月 24 日,受不同程度溢油污染的岸滩变化范围及逐日趋势见表 2-4。溢油发生初期(7 月 16—18 日),溢油登陆岸线均属严重污染区域,岸线长

· 40 ·

图 2-3 大连"7·16"溢油事故严重污染岸线

（右大量漫滩；左图大量油污进入防波堤）

图 2-4 大连"7·16"溢油事故中度污染岸线

（右图中量登陆；左图初步清理的沙滩）

图 2-5 大连"7·16"溢油事故轻度污染岸线

（仍可见油污痕迹）

图 2-6　大连"7·16"溢油事故轻微污染岸线

（溢油登陆过岸滩,经简单清理后不影响服务功能）

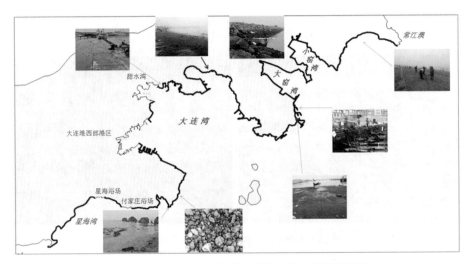

图 2-7　大连"7·16"溢油事故最大影响范围示意图

度呈增加趋势,随着溢油回收清理工作开展,大量溢油被回收,溢油登陆点出现中度影响区域和轻度影响区域。后期,岸线影响程度不断降级,老虎滩以南和金石滩海域零星污染岸线逐渐被清理干净。

重度影响岸线长度在 7 月 21 日前后最大,约 110 km,之前呈逐日增加的趋势,重点分布在大孤山半岛、大小窑湾、大连湾底、石槽、金石滩岸线。随着海流、潮汐作用,溢油后大连湾内大量溢油登陆岸线,20 日溢油进一步往东北扩散影响金石滩海域,该部分登岸溢油因量较大及恶劣天气导致清理工作不能及时进行等因素影响,对岸滩影响基本为重度污染。

7 月 21 日后至 8 月初,随着清理工作力度不断加大,金石滩、石槽、大小窑湾、泊石滩附近岸滩逐渐转变为中度、轻度污染区域;7 月 28 日后,大连附近基本无重度污染岸线。

7 月底,大规模清理工作基本完成,除爆炸现场附近岸线、大连湾底及和尚岛顶部岸线仍可见油污为中度污染外,其他曾受污染岸线基本转化为轻度或零星污染岸线。

轻度和零星污染岸线 7 月 24 日前后主要分布在老虎滩至小平岛区域及金石滩附近小范围区域,维持 2~3 天后,污染基本消除,未影响服务功能。后期,部分岸线转变为轻度和零星污染岸线。

表 2-4　大连"7·16"溢油事故不同污染程度岸线影响范围变化趋势

日期	重度污染岸线	中度污染岸线	轻度污染岸线	零星污染岸线	影响岸线合计
7月16日	20				20
7月17日	32				32
7月18日	42				42
7月19日	60	22			83
7月20日	108	25	15		147
7月21日	110	20	17		148
7月22日	106	43	2	2	153
7月23日	100	20	23	10	153
7月24日	74	51	18	16	159
7月25日	61	52	11	39	163
7月26日	56	52	14	30	152
7月27日	30	72	14	37	152
7月28日	23	81	14	37	155
7月29日		98	15	31	143
7月30日		91	22	31	143
7月31日		83	29	29	142
8月4日		74	35	7	116
8月13日		22	81	14	117
8月24日				20	20

2.5.1.5　溢油对不同类型岸滩影响分析

自 7 月 16 日溢油事故发生以来,共影响岸线长度达 163 km。其中,人工岸线长度约 91 km,礁石岸滩约 63 km,沙滩约 9 km。

人工岸线中含有大量的防波堤、护岸及人工垒石岸段,溢油登陆后,大量进入扭工字块体护面及垒石内部,人工清理难度较大,可能会对该海域造成影响。

大小窑湾及北良附近部分岸线正在实施填海工程,大量溢油登陆后,经简单清理马上被填海工程所掩埋,将作为陆地,因此该部分岸段溢油对生态环境的长期影响较小。

部分礁石岸线和垒石岸线的清理方式采用了消油剂清除方式,清理的油污可能会影响该海域的海洋环境质量。

沙滩的油污清理工作最及时也最有效,主要采取了将污沙运走后铺新沙的方式。目前金石滩黄金海岸已经没有油污,基本不影响其服务功能,对海洋生态环境的影响也较小。

2.5.1.6 典型岸段溢油污染状况

以泊石湾、金石滩、大小窑湾、棉花岛和棒棰岛附近等典型岸段为例,分析典型岸段受污情况及后期影响。

泊石湾浴场:占有海域 582 亩①,海岸线长 777 m,海水清澈。溢油事故发生后,东风将大量溢油吹入大连湾,之后的西南风和东南风便在事发第三天将大量溢油送到了泊石湾岸滩。因为该海域处于内湾水动力条件最差的位置,该浴场成为受污染最为严重的一个浴场。截至 8 月 13 日,泊石湾浴场受污岸线达 660 m,约占浴场岸线长度的 85%,油污污染宽度近 10 m。由于风大浪高,北侧的立礁湾处 5 m 高的观景台面上,都"跳"上了油污。目前该浴场清污工作基本完成,但仍处于轻度污染状态,浴场仍然处于关闭状态。

金石滩:为国家 4A 级风景区,被称为地球不能再生的"神力雕塑公园"。陆地面积 62 km²,海域面积 58 km²。7 月 20 日,在东南风和突如其来的暴雨等因素推动下,溢油到达金石滩,使该段岸线大部受污染。因该段岸线以沙滩为主,因此清理工作进展较为顺利,目前该浴场岸滩溢油基本清除,浴场已经恢复营业。浴场关闭时间为 15 天。

大小窑湾:以人工岸线和礁石居多,溢油事故发生第二天西南风将溢油吹到大小窑湾外围,接下来的东南风将大量溢油"压入"大小窑湾,使该海域成为溢油初期污染严重区域之一。溢油登陆后,岸线立即经过大约一周的人工清理,油污基本清理干净。另外,该海域在实施填海工程,部分岸段油污已经被掩埋,基本看不到油污。

大连湾岸线:因潮流和风向因素,溢油事故发生后,大量溢油首先污染大连湾,而且长时间停留,使大连湾成为本次溢油事故受污染最为严重的海湾。因东南风因素,大连湾北部岸线污染程度严重,南部污染程度较北部低很多,特别是大连港老港区和甜水湾一带岸线一直没受到溢油污染。大连湾内人工岸线较多,主要为码头、防波堤、人工垒石等。目前岸线受潮流及人工清除因素影响,受污程度明显降低,但存留在防波堤及人工垒石内的油污将长时间影响大连湾海域,使其成为大连邻近海域巨大的石油烃污染源。

棒棰岛附近岸滩:本次溢油对棒棰岛附近岸线影响程度比大连湾、大小窑湾岸线影响程度低,溢油登陆后短时间内,工作人员对岸线进行了清理,加之邻近海域围油栏防止了油污进一步登岸,基本未影响其服务功能。

2.5.2 岸滩溢油监测评价业务需求

建立标准化的岸滩溢油监测评价技术体系,规范岸滩溢油监测评价工作,是目前

---

① 亩为非法定计量单位,1 亩 ≈ 0.066 7 hm²。

我国岸滩溢油监测评价的业务需求。

2.5.2.1 建立岸滩溢油监测指标体系

岸滩溢油监测评价的目的是评价溢油对岸滩的影响程度,所选取的指标必须从溢油和岸滩两个方面综合考虑。要根据溢油和岸滩的特点,进一步细化有代表性的二级监测指标。

2.5.2.2 建立具备可操作性的监测指标监测方法

岸滩溢油的监测评价是溢油应急工作的一部分,时效性要求高,考虑到各业务化监测部门的技术能力,各指标必须易测易得。

2.5.2.3 建立简单易行的评价方法

考虑到岸滩溢油监测评价的特殊性,对于溢油分布状况可采用定量的方式,帮助我们建立一套监测数据重现性好、便于成果总结的指标,而对于岸滩类型等其他指标应采用定性方式,帮助监测人员快速、客观判断识别。只有将定量指标与定性指标相结合,才能做到岸滩溢油客观全面的评价。

2.5.2.4 建立标准化的业务化工作程序

岸滩溢油监测评价是时效性较强的应急工作,要做好监测前工具准备及相关技术储备。溢油事故发生后,监测人员可按照标准化的程序,检查工具、制订计划、开展现场监测,进行影响范围和程度评价,按标准格式编写评价报告。

第3章 岸滩溢油监测评价工作 要求及程序

3.1 现场监测、样品采集、储运与保存工作要求

现场监测前应做好充分的准备,对所调查的岸滩进行分区,掌握每个分区的岸滩服务功能及可能的敏感资源。同时,检查相关技术手册中所规定的外业调查箱中物品是否齐全。

采用现场状况与相关技术手册提供的照片及说明对比的方式,确定岸滩类型、污染程度等。

岸滩监测必须现场多拍摄照片,并在照片上显示拍摄时间。

样品在采集、储运与保存过程中,应注意避免沾污,确保采集到有代表性的溢油样品,为油指纹鉴定提供有效样品。此外,采取必要的技术措施以防止油品发生变化,应辅以安全防范措施以防样品有意或无意地遭到破坏或篡改。

3.2 岸滩溢油评价工作要求

岸滩评价人员参与现场监测最佳,应首先采用相关技术手册规定的评价方法,对岸滩溢油污染程度、污染等级开展评价。

切忌仅根据定量化数据做出评价结果,如评价人员与监测人员不是同一人,评价结论需参考现场监测人员的等级评估结果,并与现场监测人员商定。

3.3 人员要求

现场监测人员和评价人员应经过技术培训,熟悉掌握相关技术手册所规定的岸滩类型、岸滩溢油分布状态类型、溢油性质类型及所需要填写的表格信息。

现场调查人员一般由监测人员和执法人员组成,特殊情况下可由监测或执法人员单独开展监测和调查。调查人员需具备一定的生态环境学基础,能够快速判断、描述

现场生态破坏状况;对于一些敏感区,如文化资源区、保护区等,需要专业技术人员给予指导,以免调查过程中对资源造成破坏。

现场监测人员需将所见到的岸滩溢油污染信息定量化,评价人员需与现场监测人员充分沟通,参考现场照片、量化数据、现场监测人员评估结果等信息,依据相关技术手册作出准确评价。

3.4 岸滩溢油监测评价工作程序

确定岸滩溢油污染发生,或海上溢油可能影响岸滩后,应开展现场监测,确定是否造成污染及污染范围、程度。

监测前应首先做好准备工作,包括制订监测方案、确定监测人员、准备外业监测用具等。根据监测方案,确定现场监测范围和区域,一般情况下,调查应包括溢油污染岸线全部区域,选择典型区域开展重点监测。在岸滩溢油监测记录表上,填写监测区域岸滩类型、岸滩生态环境、溢油登陆状态等信息,并给出现场污染程度评估结果。切实做好采集岸滩溢油油指纹样品的工作。如出现油污下渗情况,必要情况下采集下渗油污样品、沉积物样品和间隙水样品等;如发现受污大型动物或受污其他海洋生物,采集受污生物样品。

评价人员根据现场监测数据开展岸滩溢油污染程度评价,结论经与现场监测人员商定后,编写评价报告。

岸滩溢油监测评价详细工作程序,见图3-1。

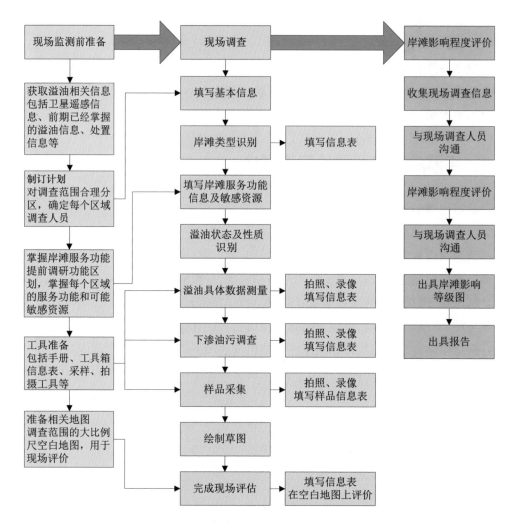

图 3-1　岸滩溢油监测评价工作程序

第4章　岸滩溢油监测

4.1　岸滩溢油监测指标体系构建

岸滩溢油监测指标体系由岸滩类型的敏感程度和溢油状态两部分指标构成,其中,岸滩类型的敏感程度指标包括岸滩类型和岸滩服务功能两个指标;溢油状态指标包括岸滩溢油分布状态和溢油性质两个指标。

4.1.1　岸滩类型及敏感程度

4.1.1.1　岸滩类型

岸滩类型主要体现岸滩的自然属性,不同岸滩类型的油污持续时间及生态敏感度不同,从而决定了岸滩溢油样品采集方式、方法的选择。根据岸滩底质类型及水动力暴露程度,将岸滩分为基岩岸线、沙滩、碎石滩、开阔潮滩、遮蔽岸滩和生态岸滩 6 个评价类型、10 个监测类型和 21 种岸滩形态,详见表 4-1。上述岸滩类型中,对溢油的敏感程度依次为:生态岸滩—遮蔽岸滩—开阔潮滩—碎石滩—沙滩—基岩岸。

表 4-1　岸滩类型划分

评价类型	监测类型	岸滩形态
基岩岸线	开阔岩岸	开阔式基岩海岸
		开阔式坚固人工构筑物
		开阔式石崖,崖基为碎石堆
	开阔海蚀平台	开阔式海蚀平台
沙滩	细沙滩	细-中砂质沙滩
	粗沙滩	粗砂质沙滩
碎石滩	砂及砾石混合滩	砂、砾石混合沙滩
	碎石滩	砾石滩
		碎石滩
开阔潮滩	开阔潮滩	开阔、平坦的潮滩

评价类型	监测类型	岸滩形态
遮蔽岸滩	遮蔽基岩岸滩	遮蔽式岩壁
		遮蔽式坚固人工构筑物
		遮蔽式碎石滩
		遮蔽式砾石岸
	遮蔽潮间带	植被覆盖海蚀平台或岩基潮间带
		遮蔽式潮间带
		植被覆盖潮间带
生态岸滩	沼泽、湿地、红树林	盐沼
		淡水沼
		湿地
		红树林

4.1.1.2　岸滩服务功能

岸滩服务功能指标主要体现岸滩的社会属性,岸滩的社会服务功能越重要,受溢油的影响程度越高。依据《海洋功能区划》,结合我国岸滩实际情况,筛选了与岸滩有关的服务功能,分别为海洋自然保护区、典型生态系统、重要野生动物栖息地、渔业区、盐田区、水源区、文化活动区、社会经济区等,其中海洋自然保护区、典型生态系统、重要野生动物栖息地和文化活动区为较重要的岸滩服务功能区。

4.1.2　溢油状态

4.1.2.1　岸滩溢油状态

溢油分布状态指标主要体现溢油登陆状态和影响范围,溢油登陆量越大,分布越广对岸滩的影响程度越高。溢油登陆状态分为连续溢油、分散溢油和零星溢油3种定性状态。

对于连续、分散油污,测定油污厚度、总分布面积和覆盖率。

对于零星油块(粒),测定油块(粒)平均粒径、总分布面积、分布密度、覆盖率。

对部分有可能产生溢油下渗的岸滩(如砂质岸滩),必要时测定溢油下渗深度和下渗量。

4.1.2.2　溢油性质

溢油性质指标主要体现溢油在环境中的风化程度,重质油不易挥发,环境中去除时间长,对岸滩的影响较大;而轻质的成品油等在环境中会在短时间内挥发,对岸滩造成的影响较小。根据溢油源、形态、易挥发程度等,将溢油性质分为高挥发性溢油、新鲜溢油、奶油冻状溢油、焦油球溢油、残留油和沥青等。

4.2 岸滩溢油监测工作准备

4.2.1 资料收集

获取已经掌握的溢油相关信息,包括卫星、航空遥感资料,溢油处置方式方法和效果。

获取所调查岸滩的主要服务功能和敏感资源。

获取所调查岸滩的地图,打印调查岸滩的大比例尺空白地图,用于现场评价。

通过遥感地图或 Google Earth,提前掌握岸滩的主要类型。

4.2.2 监测方案制订

外业调查开始之前,调查人员需做如下前期准备工作。

4.2.2.1 确定调查范围

根据人力、设备和时间安排合理确定调查范围,根据行政区划、地形地貌、岸滩类型、溢油分布情况划分为若干个监测单元。每个监测单元应提前获取大比例尺地图,掌握最佳到达路线和最佳监测站点,这项工作可以在 Google Earth 等辅助下完成。

4.2.2.2 确定监测区域

每个监测单元原则上全部开展人工现场监测调查,如监测单元范围较大,可选取代表性区域开展现场监测。

在监测之前需合理设置监测站位,以保证岸滩监测的系统性和完整性。

相同岸滩类型、底质类型和污染程度可以划为一个监测区域。

根据已有资料,特别是航空、卫星遥感监测资料,了解监测范围内岸线类型、岸滩溢油污染程度。

根据地形图、岸线形态、天气状况及水体流系,确定溢油可能聚集区,列出可能污染区域,选择有几个代表性区域开展现场监测。

4.2.2.3 确定监测时间

考虑天气、设备、潮汐和工作部署等因素合理安排监测时间。

4.2.3 监测设备配备

监测人员需配置下列设备,也可根据经验另行添加,详见表4-2。

4.2.3.1 衣物

根据现场岸滩及油污状况选择合适的调查衣物,配备必要的雨鞋、手套等,中国海监及其检验鉴定中心调查队员应着工作装。

4.2.3.2 调查工具

包括地图、手持 GPS、数码相机、便携式摄像机、望远镜、卷尺或绳索、刻度尺、笔记本、记录表格、地图、指南针、文件袋或文件夹。

4.2.3.3 取样工具

常规工具包括标签、防擦除记号笔、铅笔、签字笔,不同样品采集所需其他工具如下。

(1)油样品采集工具。包括棕色广口玻璃瓶(250 mL)、取样匙、试剂(正己烷等)。

(2)沉积物样品采集工具。包括封口塑料袋、折叠铲或泥铲、取样匙。

(3)水样采集工具。包括水质石油类样品采样瓶、舀子,必要情况下带萃取装备。参照《海洋监测规范》(GB 17378.4—2007)。

(4)生物样品采集工具。包括塑料袋或袋子(用于装大型受污动物)、生物采样瓶(用于装小型受污动物),必要情况下带生物专业采样工具。参照《海洋监测规范》(GB 17378.6—2007)。

表 4-2 岸滩溢油调查工具箱明细

序号	工具	
1	地图(包括现场地图和评价底图)	
2	手册(包括多份空白信息表、多份空白草图和信息表释义)	
3	笔记本、笔(铅笔、记号笔)	

序号	工具	
4	GPS	
5	相机、摄像机、相机电池	
6	望远镜	
7	卷尺	
8	刻度尺	
9	手套	
10	雨鞋	
11	指南针	
12	采样瓶(油指纹、沉积物、水质、生物)及标签、密封袋	
13	取样匙	
14	折叠铲	
15	舀子	
16	试剂	
17	萃取装置	
18	绳索	

4.3 填写岸滩溢油监测及信息表

4.3.1 填写监测基本信息

基本信息包括事件名称、监测单位、监测人员、监测时间、潮时、监测区域、监测长度、起始坐标和终止坐标等信息。

基本信息填写示例如表4-3所示。

表4-3 基本信息填写示例

基本信息	事件名称	××油污染事件	
监测单位	×××监测中心	监测人员	张三、李四、王五
监测时间	××年×月×日××时	潮时	高潮 / 低潮 / 平潮
监测区域	××××沙滩	监测长度	2000 m
起始坐标	E：x°x′x″ N：x°x′x″	终止坐标	E：x°x′x″N：x°x′x″

4.3.2 填写岸滩类型识别及信息

根据岸滩底质类型及暴露程度,将岸滩监测类型分为10类,不同岸滩类型的油污持续时间及生态敏感度不同。本章节主要是协助监测人员对不同岸滩类型进行识别。

岸滩类型识别主要采用图片对比方式进行识别,各岸滩类型图片见表4-4。

表4-4 岸滩类型特征及典型照片

岸滩类型及特征	典型照片
评价类型:基岩岩岸 监测类型:开阔岩岸 岸滩形态:开阔式基岩海岸 主要特征:为暴露型岸滩类型。坚硬岩石组成,岸滩狭窄,坡度陡 照片来源:北海监测中心 拍摄地:青岛崂山	

岸滩类型及特征	典型照片
评价类型:基岩岩岸 监测类型:开阔岩岸 岸滩形态:开阔坚固工构筑物 主要特征:为暴露型岸滩类型。属人工构筑物,岸滩狭窄或无岸滩,坡度陡 照片来源:北海监测中心 拍摄地:青岛中苑码头	
评价类型:基岩岩岸 监测类型:开阔岩岸 岸滩形态:开阔坚固工构筑物 主要特征:一般指扭王字块、工字块人工护岸或其他透水性稍差的护岸 照片来源:北海监测中心 拍摄地:大连	
评价类型:基岩岩岸 监测类型:开阔岩岸 岸滩形态:开阔式石崖 主要特征:由坚硬岩石组成,与开阔式基岩海岸不同之处为崖基为碎石堆 照片来源:北海监测中心 拍摄地:青岛第一海水浴场	

岸滩类型及特征	典型照片
评价类型:基岩岩岸 监测类型:开阔岩岸 岸滩形态:开阔式海蚀平台 主要特征:微微向海倾斜的平坦岩礁面,波浪可通过平台,一般位于平均海平面附近 照片来源:北海监测中心 拍摄地:青岛第二海水浴场	
评价类型:沙滩 监测类型:细沙滩 岸滩形态:细沙滩 主要特征:油细-中粒径的沙组成,粒径 0.06~4 mm,由于海浪携带海沙层层覆盖作用,溢油容易被掩埋 照片来源:北海监测中心 拍摄地:青岛石老人海水浴场	
评价类型:沙滩 监测类型:粗沙滩 岸滩形态:粗沙滩 主要特征:由粗砂组成,平均粒径约 2~4 mm,有时会伴有少量小砾石或碎石,溢油容易下渗 照片来源:大连中心站 拍摄地:大连星海湾浴场	

岸滩类型及特征	典型照片
评价类型:碎石滩 监测类型:砂及砾石混合滩 岸滩形态:砂及砾石混合滩 主要特征:以砾石或碎石为主（粒径大于4 mm,含量大于80%）,砾石缝隙由沙完全填充。溢油非常容易下渗 照片来源:北海监测中心 拍摄地:青岛崂山	
评价类型:碎石滩 监测类型:碎石滩 岸滩形态:砾石滩 主要特征:表面圆滑,分鹅卵石和大砾石两种形态,鹅卵石平均粒径为4~64 mm,大砾石平均粒径为65~256 mm 照片来源:北海监测中心 拍摄地:青岛崂山	
评价类型:碎石滩 监测类型:碎石滩 岸滩形态:碎石滩 主要特征:碎石表面不圆滑,平均粒径大于256 mm 照片来源:大连中心站 拍摄地:大连大窑湾	

岸滩类型及特征	典型照片
评价类型:开阔潮滩 监测类型:开阔潮滩 岸滩形态:开阔、平坦潮间带 主要特征:为平坦潮间带,波浪动力小,以潮流冲刷为主。潮间带宽度一般大于50 m沉积物类型以泥或沙为主 照片来源:北海监测中心 拍摄地:潍坊昌邑	
评价类型:生态岸滩 监测类型:沼泽湿地红树林 岸滩形态:盐沼 主要特征:地表水呈碱性、土壤中盐分含量较高,表层积累有可溶性盐,其上生长着盐生植物 照片来源:百度百科	
评价类型:生态岸滩 监测类型:沼泽湿地红树林 岸滩形态:淡水沼 主要特征:地表常年过湿或有薄层积水。在沼泽地表除了具有多种形式的积水外,还有小河、小湖等沼泽水体 照片来源:百度百科	

岸滩类型及特征	典型照片
评价类型:生态岸滩 监测类型:沼泽湿地红树林 岸滩形态:湿地 主要特征:天然或人工形成的沼泽地等带有静止或流动水体的成片浅水区,还包括在低潮时水深不超过 6 m 的水域 照片来源:百度百科	
评价类型:生态岸滩 监测类型:沼泽湿地红树林 岸滩形态:红树林 主要特征:生长在热带、亚热带平坦海岸潮间带上部,以红树植物为主体的常绿灌木或乔木组成。主要分布在海南、广西、广东和福建 照片来源:百度百科	

4.3.2.1 岸滩类型识别

1)基岩岩岸

基岩岩岸为暴露型岸滩类型。由坚硬岩石组成的海岸,由于波浪的往复冲激作用,溢油会被冲到海上。溢油一般在几天或更短的时间被海浪冲刷掉。大多数滞留的油会在岸线的高潮线以上部位形成一条不规则的油带。

基岩岩岸包括开阔岩岸和开阔海蚀平台两种监测类型。

开阔岩岸:由坚硬岩石或坚固人工构筑物组成的海岸。大多数滞留的油会在岸线的高潮线以上部位形成一条不规则的油带。包括开阔式基岩海岸、开阔式坚固人工构筑物和开阔式石崖 3 种形态。

(1)开阔式基岩海岸:由坚硬岩石组成,岩石较高,波浪冲刷崖底,岸滩狭窄,坡度陡。大多数滞留的油会在岸线的高潮线以上部位形成一条不规则的油带。峭壁结合处,溢油会渗透到地下。

（2）开阔式坚固人工构筑物:由坚固人工构筑物组成,一般为码头、平整护岸、扭王字块、工字块护岸等人工岸线,为直立式或具有一定陡坡,无岸滩。大多数滞留的油会在岸线的高潮线以上部位形成一条不规则的油带,溢油可以进入扭"王"字块、"工"字块护岸构筑物的内部。

（3）开阔式石崖:由坚硬岩石组成,与开阔式基岩海岸不同之处是崖基为碎石堆。

开阔海蚀平台:海岸侵蚀地貌类型。在海浪作用下,海蚀崖不断发育、后退,在海蚀崖向海一侧的前缘岸坡上,塑造出一个微微向海倾斜的平坦岩礁面。波浪可通过平台,在海蚀平台上通常发育有浪蚀沟、锅穴、洼地等微地貌。海蚀平台一般位于平均海平面附近,也有分布于高潮线以上的,它们是由特大暴风浪作用而形成的暴风浪平台;也有位于海面以下的,它们是由波浪侵蚀作用在下限处形成的海底平台。溢油一般在一周或更短的时间被海浪冲刷掉。

2）沙滩

沙滩主要由细砂或粗砂组成,砂含量占80%以上。一般沙滩坡度略平缓,岸滩宽阔。轻质油会沿着潮间带的高潮线积累,重质油会覆盖整个岸滩表面,溢油可以渗入沙滩内部。沙滩包括细沙滩和粗沙滩两种监测类型。

细沙滩:由细-中粒径的沙组成,粒径0.06~0.25 mm,由于海浪携带海沙覆盖作用,溢油容易被掩埋。

粗沙滩:由粗砂组成,平均粒径0.25~2 mm,有时会伴有少量小砾石或碎石,溢油容易下渗。

3）碎石滩

碎石滩以砾石或碎石为主(粒径大于2 mm,含量大于80%)堆积而成海滩,溢油非常容易下渗。在较暴露的海滩,溢油通常被推至高潮线上;在相对遮蔽的海滩,若溢油累积较多,易形成壳状油层。碎石滩包括砂及碎石混合滩和碎石滩两种类型。

砂及砾石混合滩:砾石缝隙由砂完全填充。

碎石滩:全部由砾石或碎石组成,缝隙无沙粒填充,包括砾石滩和碎石滩两种岸滩形态。

砾石滩:砾石表面圆滑,分鹅卵石和大砾石两种形态,鹅卵石平均粒径为4~64 mm,大砾石平均粒径为65~256 mm。

碎石滩:碎石表面不圆滑,平均粒径大于256 mm。

4）开阔潮滩

开阔潮滩为平坦潮间带,波浪动力小,以潮流冲刷为主。潮间带宽度一般大于50 m。如果溢油量大,退潮时,溢油会沉淀粘附在整个潮滩。潮滩水动力弱,溢油滞留时间长。沉积物类型以泥或沙为主。

5)遮蔽岸滩

向海方向有遮蔽物阻挡或被植被覆盖,水动力较弱,溢油滞留时间长。遮蔽岸滩包括遮蔽基岩岸滩和遮蔽潮间带两种监测类型,遮蔽基岩岸滩包括遮蔽式岩壁、遮蔽式坚固人工构筑物、遮蔽式碎石滩、遮蔽式砾石岸等岸滩形态,遮蔽潮间带包括植被覆盖海蚀平台或岩基潮间带、遮蔽式潮间带和植被覆盖潮间带等岸滩形态。

有关遮蔽及岸滩的暴露程度相关内容见图4-1。

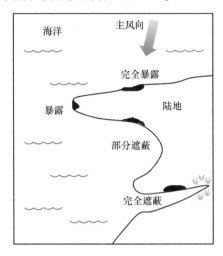

图4-1　岸滩溢油暴露程度示意图

6)生态岸滩

生态岸滩处于陆地生态系统和海洋生态系统的过渡带,是一种具有极其重要生态价值的岸滩类型。它是众多珍稀海洋和陆地生物的栖息地,具有维持生态平衡、保持生物多样性和珍稀物种资源的作用,同时具有涵养水源、降解污染、调节气候、控制海岸侵蚀等重要功能。因生态岸滩被茂密的植被覆盖,而且水动力环境弱,一旦遭受溢油污染,难以清除,溢油将长期影响生态系统。生态岸滩一般指沼泽、湿地和红树林,分为盐沼、淡水沼泽、湿地和红树林4种岸滩形态。

盐沼:盐沼是地表过湿或季节性积水、土壤盐渍化并长有盐生植物的地段。地表水呈碱性、土壤中盐分含量较高,表层积累有可溶性盐,其上生长着盐生植物。我国盐沼的植物群落主要包括盐角草群落、碱蓬群落、芦苇群落和米草群落等。

淡水沼泽:淡水沼泽的基本特征是地表常年过湿或有薄层积水。在沼泽地表除了具有多种形式的积水外,还有小河、小湖等沼泽水体。

湿地:湿地指天然或人工形成的沼泽地等带有静止或流动水体的成片浅水区,还包括在低潮时水深不超过6 m的水域。湿地生态系统中生存着大量动植物,很多湿地被列为自然保护区。

红树林:红树林指生长在热带、亚热带平坦海岸潮间带上部,受周期性潮水浸淹,以红树植物为主体的常绿灌木或乔木组成的潮滩湿地木本生物群落。组成的物种包括草本、藤本红树。它生长于陆地与海洋交界带的滩涂浅滩,是陆地向海洋过渡的特殊生态系。在我国,红树林主要分布在海南、广西、广东和福建等地。

4.3.2.2 岸滩暴露程度识别

岸滩暴露程度是岸滩溢油在环境中清除难易程度的一个重要指标。根据暴露程度分为4类,见图4-1。

(1)完全暴露:岸滩正面对海上主风向,浪花可将溢油从岸滩上较易拍去或冲刷掉。

(2)暴露:岸滩非正面对海上主风向,因岸滩或岸滩上的建筑物风力减弱,岸滩较完全暴露,岸滩冲刷程度减弱。

(3)部分遮蔽:岸滩背向主风向,受岸滩和岸滩上的建筑物影响,海浪对岸滩的冲刷能力较弱。

(4)完全遮蔽:一般出现在较小的海湾、港湾、河口等地区,该处风力较小,海浪基本不冲刷海岸。

注意:海浪对岸滩的冲刷主要是风力作用造成的,但有的岸滩海流较大,仍需考虑海流因素。

另外,岸滩暴露程度不仅受海浪的影响,在岸滩覆盖有大量植被的情况下,海浪对岸滩溢油的冲刷作用受到限制,也属于部分遮蔽或完全遮蔽。

4.3.2.3 填写岸滩类型信息

信息表中包括了岸滩的主要类型、其他岸滩类型、岸滩暴露程度等信息。

一般情况下,一段岸滩会出现多种岸滩类型,填写时需填写一个主要的岸滩类型和几个其他岸滩类型。主要岸滩类型用"√√"标示,其他岸滩类型用"√"标示。

必要的情况下需对岸滩类型进行文字描述。

岸滩类型填写示例如表4-5所示。

表4-5 岸滩类型填写示例

岸滩类型		√√:主要岸滩类型,只能选一个;√:其他岸滩类型,可多选			
	开阔岩岸		砂及碎石混合滩		遮蔽潮间带
√	开阔海蚀平台	√	碎石滩		沼泽、湿地、红树林
√√	细沙滩		开阔潮滩	暴露程度	√完全暴露 □暴露 □部分遮蔽 □完全遮蔽
	粗沙滩		遮蔽基岩岸	其他描述	沙滩两段为海蚀平台和砾石滩

4.3.3 记录岸滩服务功能

依据岸滩性质、服务对象、毗邻水域使用功能和敏感程度的不同,将岸滩服务功能分为重要和一般两个等级。

监测前首先掌握调查区域的功能区划,在岸滩服务功能信息表中选择相应的服务类型。

特殊情况下,一段岸滩会出现多种服务功能,填写时需填写一个主要的服务功能和几个其他服务功能。当重要的服务功能与一般服务功能同时出现时,主要服务功能应从重要服务功能中选取。主要服务功能用"√√"标示,其他服务功能用"√"标示。主要服务功能和其他服务功能均可多选。

岸滩服务功能填写示例见表4-6。

表 4-6 岸滩服务功能填写示例

岸滩服务功能	√√:主要服务功能,可多选;√:其他服务功能,可多选						
海洋保护区	自然生态系统	√	野生动物栖息地		哺乳动物生活区	水源区	特殊工业用水
	海洋生物物种			√	鸟类生活迁徙地		一般工业用水
	遗迹非生物资源		文化活动区		风景旅游区		水源涵养地
典型生态系统	红树林生态系统	√√		√√	度假旅游区		矿产开发区
	河口湾生态系统		渔业区		渔港及渔业设施建设区	社会经济区	港口工业区
	盐沼湿地系统						滨海工业区

4.3.4 溢油分布状态识别及测量

4.3.4.1 溢油分布状态识别

溢油分布状态指标主要体现了溢油登陆量的多少及影响范围,溢油登陆量越大,分布越广对岸滩的影响程度越高。本章节主要对不同溢油登陆状态进行识别。

相关技术手册将溢油登陆状态分为成片溢油、分散溢油和零星溢油3种定性状态,分布方式上分为面状、丝带状、焦油球或油饼和油膜等,溢油状态的区别可参考长度、厚度和覆盖率3个指标确定。

注意:覆盖度为溢油实际覆盖区域占溢油分布区的比例,而非整个调查区域的比例。

(1)成片溢油一般呈连续或不连续(厚度几毫米至几厘米)状态,长度大于50 m,包括面状、带状和连片焦油球3种状态。

①面状溢油连续分布,溢油覆盖率高于50%,溢油厚度大于0.1 cm。

②带状溢油沿岸滩方向呈带状分布,向岸方向凸出,溢油覆盖率高于50%,溢油

厚度约为 0.1 cm。

③连片焦油球沿岸滩方向连片分布,溢油覆盖率高于 1%。

(2)分散溢油呈不连续带状、焦油球或饼状分散分布,长度小于 50 m。

①带状溢油覆盖率介于 5%~50%,厚度小于等于 0.1 cm。

②焦油球和油饼覆盖率一般小于 1%,焦油球直径小于 0.1 cm,油饼呈扁平状,直径介于 0.1~1.0 m。

③零星溢油一般以少量油膜或零星焦油球等形态分布。

溢油分布状态及其特征见表 4-7,现场监测对比图见表 4-8。

表 4-7　溢油分布状态及其特征

溢油分布状态		长度	平均厚度	覆盖率	特征
成片溢油	面状	≥50 m	≥0.1 cm	≥50%	连片面状分布
	带状	≥50 m	约为 0.1 cm	≥50%	沿岸滩方向呈带状分布,向岸方向凸出
	连片焦油球	≥50 m	—	≥1%	沿岸滩方向连片分布
分散溢油	丝带状	<50 m	<0.1 cm	5%~50%	较成片溢油薄,且不连续分布
	焦油球或油饼	<50 m	—	<1%	不连续分布或堆状分布
零星溢油		—	—	—	少量油膜或焦油球

表 4-8　岸滩溢油分布状态特征及对比图片

岸滩溢油分布状态及特征	典型照片
分布状态:连续分布——面状 主要特征:连续分布,厚度几毫米至几厘米,长度大于 50 m,溢油覆盖率高于 50%,溢油厚度大于 0.1 cm 照片来源:中国海监第三支队 拍摄地:大连蟹子湾浴场 溢油事故:2010 年大连溢油	

岸滩溢油分布状态及特征	典型照片
分布状态:连续分布——带状 主要特征:溢油沿岸滩方向呈带状连续分布,长度大于50 m,向岸方向凸出,溢油覆盖率高于50%,溢油厚度约为0.1 cm 照片来源:北海监测中心 拍摄地:青岛 溢油事故:2005年黄岛溢油	
分布状态:分散分布——丝带状 主要特征:分散丝带状分布,长度小于50 m,带状溢油覆盖率介于5%~50%之间,厚度小于等于0.1 cm 照片来源:北海监测中心 拍摄地:烟台长岛 溢油事故:长岛溢油污染事件	
分布状态:连续分布——焦油球 主要特征:连续分布,长度大于50 m,溢油覆盖率高于50%,溢油厚度大于0.1 cm。连片焦油球沿岸滩方向连片分布,溢油覆盖率高于1% 照片来源:北海监测中心 拍摄地:烟台长岛 溢油事故:长岛油污染事件	

岸滩溢油分布状态及特征	典型照片
分布状态:分散分布——焦油球 主要特征:分散状分布,长度小于 　　50 m,或成堆分布。覆盖度一般小于 　　1%,焦油球直径小于0.1 cm,油饼呈 　　扁平状,直径介于0.1~1.0 m之间 照片来源:北海监测中心 拍摄地:烟台长岛 溢油事故:长岛溢油污染事件	
分布状态:零星分布——焦油球 主要特征:零星分布,不成片,不成堆 照片来源:秦皇岛中心站 拍摄地:秦皇岛 溢油事故:2011年蓬莱"19-3"油田 　　溢油	
分布状态:零星分布——油膜 主要特征:零星油膜漂浮在水面或少量 　　亮丝带分布在岸滩上 照片来源:北海监测中心 拍摄地:青岛 溢油事故:2010年青岛溢油	

4.3.4.2 岸滩溢油现场监测

1)一般步骤

第一步:确定岸滩是否存在油污。

第二步:确定油污分布状态,确定现场调查的条带数量,分别以 A、B、C……命名。注意,信息表中仅给出了 A、B 两条溢油带的填写空间,如存在更多溢油带,可在空白处或另外添加纸张按格式记录信息。

第三步:现场调查溢油长度、宽度、厚度比例或厚度、覆盖率、监测单元密度等信息。

第四步:完成信息表填写。

2)面状、带状和丝带状溢油监测

对于面状、带状和丝带状溢油,测量溢油 L(length,长度 m)、W(width,宽度 m)、厚度比例、c(coverage,覆盖率%)。如溢油厚度较好测定,且分布均匀,直接测定厚度数据。

3)焦油球监测

若岸滩溢油状态为焦油球或油饼,需选取有代表性单元,计算单元内溢油的总重量。

成片焦油球分布取样单元尺度为 0.25 m×0.25 m,零星焦油球分布取样单元尺度为 1 m×1 m,其所含油球分别代表岸滩溢油污染平均水平。

监测单元内焦油球重量可以采用采集单元内所有焦油球,带回实验室称重方式,也可以采用观测监测单元内焦油球的个数,估算平均体积,估算焦油球密度(按 0.7~1 g/cm^3),两者相乘方式获取。

4)长度和宽度测量与估算

长距离测量:在地形图上投点并测量距离,注意不要使用小比例尺地图(不能反映岸线形态变化,测量误差大);或者沿岸滩驾驶车辆,利用 GPS 等工具进行距离测量。

中距离测量:根据经验进行目测。

短距离测量:采用步测法,首先确定步幅,然后沿溢油岸滩步测,查步数。注意下坡时步幅会增大,上坡、软质沙滩和长时间测量后步幅会减小。也可采用经现场校正后的智能手机或平板电脑距离测量软件估计。

5)厚度比例估计和厚度测量

考虑到现场监测工作的实用性,相关技术手册将溢油厚度划分为 3 个等级,即大于 1 cm、大于 0.1~1 cm 和小于 0.1 cm。当溢油厚度明显较厚,达数厘米的情况下,实际监测过程中可分为更多的厚度等级。厚度比例估计是估算上述 3 个不同等级厚度的溢油分别所占的比例。

对于较厚的成片溢油和分散溢油,可用刻度尺进行溢油平均厚度测量。一般情况下,成片溢油厚度大于 0.1 cm,其厚度可以利用刻度尺测量获取;丝带状溢油非常薄,厚度可按 0.1 cm 计。

对于不方便采用直接测量方式确定厚度的岸滩溢油,监测人员可采用图片对比方法确定溢油厚度,溢油厚度可归结为油池、覆盖、油衣、粘污和油膜 5 种形态。详见表4-9。

油池:一般为新鲜油污或成奶油冻状油污,厚度超过 1 cm。

覆盖:一般为受到一定程度风化后,去掉水分和轻组分后的油污,厚度约在 0.1~1 cm 之间。

油衣:厚度小于 0.1 cm 的可见油污,可以用指甲刮掉。

黏污:可见油污,但不能用指甲刮掉。

油膜:油膜,多呈彩条带,或透明油带。

表 4-9　岸滩溢油厚度特征及对比图片

岸滩溢油厚度及特征	典型照片
油池:一般为新鲜油污或呈奶油冻状油污,厚度超过 1 cm 照片来源:北海监测中心 拍摄地:青岛 溢油事故:2012 年"11·22"溢油事故	
覆盖:一般为受到一定程度风化后,去掉水分和轻组分后的油污,厚度约在 0.1~1 cm 之间 照片来源:中国海监第三支队 拍摄地:大连 溢油事故:2010 年大连"7·16"溢油事故现场	

岸滩溢油厚度及特征	典型照片
油衣:厚度小于 0.1 cm 的可见油污,可以用指甲刮掉 照片来源:大连中心站 拍摄地:大连 溢油事故:2010 年大连"7·16"溢油事故现场	
黏污:可见油污,但不能用指甲刮掉 照片来源:大连中心站 拍摄地:大连 溢油事故:2010 年大连"7·16"溢油事故现场	
油膜:油膜,多呈条带,或透明油带状 照片来源:大连中心站 拍摄地:大连 溢油事故:2010 年大连"7·16"溢油事故现场	

6)覆盖率测量

受潮汐等水动力影响,溢油不均匀地散布于岸滩表层,溢油覆盖率获取参照图 4-2。

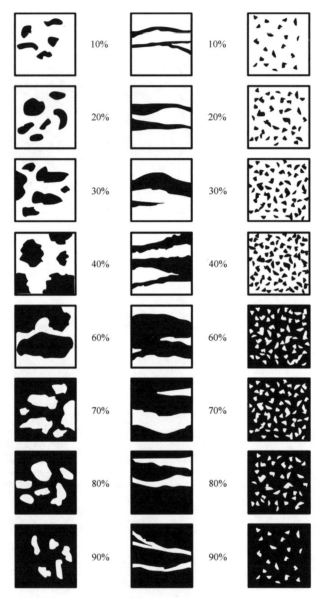

图 4-2 岸滩溢油覆盖率对比图片

4.3.4.3 岸滩溢油现场监测信息记录

岸滩溢油现场监测包括记录油污位置、长度、宽度、覆盖度、厚度、焦油球密度、粒径等信息。

溢油状态信息表填写示例见表 4-10。

表 4-10   溢油状态信息表填写示例

溢油状态	没有溢油请打勾		潮间带位置：□潮上区　√高潮区　□中潮区　□低潮区		
分布方式：√连续　□分散　□零星			√面状　□丝带状　□焦油球　□油膜		
溢油性质：√流动态　□固态　□长期残留					
油带 A：长度　　50 m；宽度 3 m；覆盖度 10%；厚度比例：>1 cm 占 10%，0.1~1 cm 占 30 %，<0.1 cm 占 60%。					
油带 B：长度　　m；宽度　　m；覆盖度　　%；厚度比例：>1cm 占　　%，0.1~1 cm 占　　%，<0.1cm 占　　%。					

如溢油为焦油球或油饼，请调查单位面积内的数量、粒径、厚度

单位面积数量	20 个/m²	粒径	1 cm	油饼厚度	cm

4.3.4.4　溢油在潮间带位置识别辅助

潮间带是在潮汐大潮期的绝对高潮和绝对低潮间露出的海岸，也就是海水涨至最高时所淹没的地方开始至潮水退到最低时露出水面的范围(图 4-3)。

(1)高潮区(上区)：它位于潮间带的最上部，上界为大潮高潮线，下界是小潮高潮线。它被海水淹没的时间很短，只有在大潮时才被海水淹没。

(2)中潮区(中区)：它占潮间带的大部分，上界为小潮高潮线，下界是小潮低潮线，是典型的潮间带地区。

(3)低潮区(下区)：上界为小潮低潮线，下界是大潮低潮线。大部分时间浸在水里，只有在大潮落潮的短时间内露出水面。

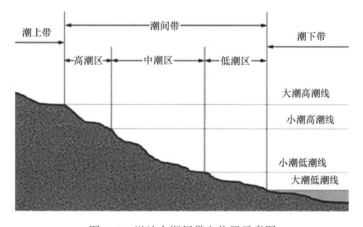

图 4-3　溢油在潮间带上位置示意图

4.3.5 溢油性质识别及记录

按照溢油的挥发程度和状态,分为高挥发性溢油、新鲜溢油、奶油冻状溢油、焦油球溢油、残留油和沥青,各种性质溢油特点如下。

高挥发性溢油:颜色透明,挥发性强,在岸滩存留时间很短。机油、润滑油等也为透明,但挥发性低,在环境中存留时间长,会对环境造成影响。

新鲜溢油:未经风化或轻微风化,可流动。

奶油冻状溢油:乳化,含水率较高,呈奶油冻状,流动性差。

焦油球溢油:分散的油球,直径一般小于 10 cm。

油饼或油片:分散的油饼或油片,直径一般大于 10 cm。

残留油:经过较重风化作用后,残留在岸滩上的溢油,一般不会粘连在一起。

残留沥青:经过重度风化作用后,残留在岸滩上的溢油,可与沉积物形成一整个沥青块或沥青片,具备一定的硬度。

监测人员可采用图片对比方法确定溢油性质。详见表 4-11。

填写岸滩监测现场信息表时,可将新鲜溢油、奶油冻状溢油归为流动态,焦油球或油饼归为固态,残留油和残留沥青归为长期残留。

表 4-11 岸滩溢油性质描述及对比图片

岸滩溢油性质及特征	典型照片
新鲜溢油:未经风化或轻微风化,可流动 照片来源:中国海监第三支队 拍摄地:大连前盐 溢油事故:2010 年大连"7·16"溢油事故现场	

岸滩溢油性质及特征	典型照片
奶油冻状溢油:乳化,含水率较高,呈奶油冻状,流动性差 焦油球溢油:分散的油球,直径一般小于 10 cm 照片来源:中国海监第三支队 拍摄地:大连蟹子湾 溢油事故:2010 年大连"7·16"溢油事故现场	
焦油球溢油:分散的油球,直径一般小于 10 cm 照片来源:秦皇岛中心站 拍摄地:秦皇岛 溢油事故:2011 年蓬莱"19-3"油田溢油事故现场	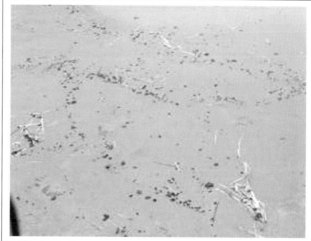
油饼或油片:分散的油饼或油片,直径一般大于 10 cm 照片来源:中国海监第三支队 拍摄地:大连星海湾浴场 溢油事故:2010 年大连"7·16"溢油事故现场	

岸滩溢油性质及特征	典型照片
残留油:经过较重风化作用后,残留在岸滩上的溢油,一般不会粘连在一起 照片来源:OTRA	
残留沥青:经过重度风化作用后,残留在岸滩上的溢油,可与沉积物形成一整个沥青块或沥青片,具备一定的硬度 照片来源:OTRA	

4.3.6 砂质岸滩下渗油污监测

岸滩溢油随时间下渗至深层或被砂及海草覆盖而埋藏,监测人员需设置岸滩断面进行下渗油和埋藏油监测。

4.3.6.1 下渗油污状态识别

1)油层下渗、埋藏类型识别

砂质岸滩下渗油污:表层溢油通过岸滩底质孔隙下渗,不同底质类型溢油下渗程度不同,一般情况下,粒度越粗,孔隙度越大,溢油下渗程度更严重。

砂质岸滩埋藏油污:在岸滩沉积物次表层呈连续或不连续层状分布,层厚可达几十厘米。埋藏油形成原因主要分以下几种:沙滩海草堆积覆盖;风吹沙丘,导致干净砂覆盖于油污之上;风暴导致沙丘崩塌;潮汐导致干净砂输入覆盖。

2)油污状态识别

完全填充:溢油将底质空隙全部填充。

部分填充:溢油部分将底质空隙填充。

表层残留:仅仅沙粒表层带有一层油衣。

表层油膜:沙粒表层仅仅看见油膜,或间隙水漂有油膜,可以闻到石油的气味。

油层下渗、埋藏类型识别及油污状态识别对比图片见表4-12。

表4-12 岸滩下渗油污分布特征及对比图片

下渗油污特征	典型照片
类型:下渗油污 状态:完全填充 特征:溢油将岸滩空隙全部填充 照片来源:NOAA	
类型:埋藏油污 状态:部分填充 特征:有明显的含油带,溢油部分将岸滩空隙填充 照片来源:北海监测中心 拍摄地:青岛 溢油事故:2012年青岛"11·22"溢油事故现场	

下渗油污特征	典型照片
状态:表层残留 特征:仅仅沙粒表层带有一层油衣 照片来源:NOAA	
状态:表面油膜 特征:沙粒表层仅仅看见油膜,或间隙 　　　水漂有油膜,可以闻到石油的气味 照片来源:ITOPF	

4.3.6.2　下渗油污调查

在溢油岸滩,随机取 2~3 个站位进行挖洞调查,观察是否有下渗油及埋藏油;若有下渗或埋藏油,需做进一步调查,包括油层长度、油层宽度,油层厚度。

测量方法如下。

油层长度(L):沿岸滩方向系统性地布设断面(隔 20 m、50 m 或 100 m 等距离设置断面,断面间距取决于岸滩长度),确定油层长度(最后一个断面油层消失时,至该断面间距 1/2 处重新布设断面,如此反复至确定下渗油位置)。

油层宽度(W):垂直岸滩方向进行断面调查,隔 2 m(或 5 m,根据溢油层宽度适当调整)垂直向下挖洞,确保挖洞深度,获取下渗油宽度。

油层厚度(th):对下渗油层和干净砂层厚度进行测量,并描述油污颜色及性质。

根据监测结果,记录下渗油宽度、厚度和长度。下渗油污调查必要时,需采集间隙水。

4.3.7　样品采集

4.3.7.1　溢油样品采集

依据不同的岸滩类型或油污附着特点,采取适宜的采样方法,采集溢油样品(用于油指纹鉴定)。

成片油污:不锈钢勺挖取一定量的油污,或含水油污,置于玻璃采样瓶中保存。

岩石附着油污:不锈钢刮刀刮取足量油污,置于玻璃采样瓶(或聚四氟乙烯封口袋)中保存。

零星油块、油粒:镊子夹取足量油块,置于玻璃采样瓶(或聚四氟乙烯封口袋)中保存。

4.3.7.2　水质样品采集

如有必要需采集水质样品,按《海洋监测规范》进行操作。做下渗油污调查,必要时可采集间隙水。

4.3.7.3　沉积物样品采集

如有必要需采集沉积物样品,按《海洋监测规范》进行操作。

4.3.7.4　生物样品采集

采集潮间带生物样品,按《海洋监测规范》进行操作。

采集溢油现场受溢油附着生物,可将溢油现场发现的沾有油污的活体生物或生物残体进行现场拍照,并收集到玻璃瓶或密封袋中,尽量保持生物体原状,冷藏保存,带回实验室供分析。

从油污的动物身上采样时,应将污油从鸟类或动物身上人工刮下,避免污油与羽毛或皮毛长时间接触,如果上述工作有难度,则可将带有油污的鸟类羽毛或动物皮毛剪下,放入样品瓶中,或将被油污染的鸟或动物尸体冷冻,作为样品运回实验室。

4.3.8　现场拍照

拍照是记录溢油污染现场最好的方法,不但能够再现岸滩溢油污染现场,而且比语言描述更加准确,有助于后期评价人员作出准确的评价结论。它能够:准确地再现岸滩溢油污染现场的环境与状态;保全溢油现场容易消失的油污证据;保全那些由于体积过大、重量过重、不能移动以及其他原因不便在法庭上呈现的证据;单反相机或数码相机都可以用来岸滩溢油现场的调查取证。

调查队伍中,至少要有一位调查人员携带照相机或(和)摄像机。岸滩调查开始前,监测人员应首先拍摄监测信息表的基本信息部分,这样有助于后期人员辨别照片;调查人员最好将相机举得与眉同高,然后进行拍照;这样拍摄的现场概貌照片,更能客观地反映整体现场,让人在观看照片时得到身临岸滩溢油现场的感受;在拍摄岸滩溢油现场时,必须选择一个合适的角度或制高点,拍摄现场全貌。同时,要对各条油带单独拍摄;要对受污染的生物进行细节拍摄;要对监测人员现场调查、样品采集等工作过程进行拍摄。

现场拍照信息记录示例见图4-4。

6、样品采集信息	没有采集请打勾		
类型	个数		样品编号或描述
水质样品(含间隙水)	3	水01:海水样品 水02:洞1间隙水 水03:洞2间隙水	
沉积物	2	沉01:油带A 沉02:油带B	
生物(含大型)	2	生01:油带A中海马 生02:海水中死鱼	
7、拍、摄像信息	起止编号	IMG-65~73	

图4-4 样品采集和现场拍照信息记录示例

4.3.9 岸滩溢油影响现场评价

现场监测人员对岸滩现场污染情况感性认识最为确切,要把所看到的一切反馈给评价人员,因此需对岸滩溢油影响作出现场评价。

4.3.9.1 文字描述

文字描述一般包含如下要点。

(1)现场实际或潜在存在哪些敏感资源或目标,包括生态、休闲、文化或任何其他与社会经济相关的资源或目标。

(2)可以看到的野生生物,特别是野生生物的受污情况。

(3)利用监测数据及现场感性认识,粗略的估算该段岸滩的溢油量。

(4)观察大浪或风暴潮是否将溢油带到潮上带。

(5)是否现场有清理措施,对现场清理有何建议。

4.3.9.2 岸线污染等级现场评价

根据溢油现场感官观测污染分布、程度、数量等指标,将岸滩溢油影响现场评价分为4个等级:重度、中度、轻度、无影响。各等级特点描述如下。

(1)重度:溢油大量登陆、影响面积大、覆盖度高、生境、功能丧失严重等。用红色在地图上标注。

(2)中度:溢油中量登陆,影响面积较大,造成一定程度的生境、服务功能损失。用黄色在地图上标注。

(3)轻度:溢油少量登陆或以不间断油膜、零星焦油球等形态登陆。用蓝色在地图上标注。

(4)无影响:无溢油影响。用绿色在地图上标注。

现场监测人员也可采用5.2.3节中溢油污染程度因子确定中的方法一直观评价

法对岸滩溢油等级进行现场评价。

现场监测人员需提前准备调查区域大比例尺底图,并将所调查岸段的起止点经纬度、岸段的污染级别、拍摄照片等信息标注在上面。如图4-5所示。

图4-5　绘制岸线污染等级图示例

4.3.10　绘制岸滩溢油污染草图

绘制岸滩溢油污染草图是岸滩溢油污染监测评价的重要组成部分。它可以还原溢油现场,从而提供给未到过现场的评价人员、管理人员及其他技术人员最直接的感性认识;通过绘制草图,现场监测人员可以更加仔细的调查,从而获取全面的信息。

绘制岸滩溢油污染草图不等同于4.3.9.2节岸线污染等级现场评价中在大比例尺地图上标示。因为溢油应急岸滩监测一般是要监测很长的岸线,分若干个调查区域或监测区域,大比例尺地图上标示的是整条岸线的污染等级等情况。而此章节所绘制的岸滩溢油污染草图是某个监测区域内溢油污染的详细情况。

草图底稿的主要内容有:

草图左上角为信息区:主要包括了所绘制的草图包含的内容,监测人员现场填写调查区域、日期,并在所包含的内容前打钩。

草图下方为图例及说明区。如图4-6~图4-9所示。

绘制草图步骤如下。

1)前期准备

绘制草图人员在草图绘制前首先要掌握草图绘制的主要内容,并按照内容从上到下的顺序绘制草图。岸滩溢油监测草图主要由以下几个方面内容组成。

(1)指北针。

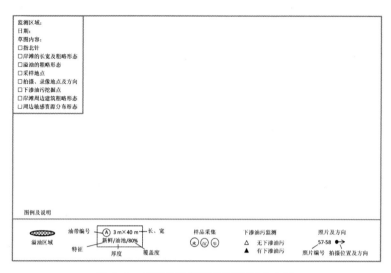

图 4-6　岸滩溢油监测现场草图空白图

（2）岸滩的长宽及粗略形态。

（3）溢油的粗略形态。

（4）采样地点。

（5）拍摄、录像地点及方向。

（6）下渗油污挖掘点。

（7）岸滩周边建筑粗略形态。

（8）周边敏感资源分布形态。

2）绘制指北针和岸滩的长宽及粗略形态

（1）根据方向，在图中空白处确定指北针方向。

（2）沿岸滩走向，绘制监测范围。

（3）补充岸滩粗略形态。

3）绘制溢油粗略形态

（1）在岸滩上画出溢油分布范围，无油区分布范围。

（2）注释溢油长度、宽度、厚度和性质。

4）补充采样、拍摄、下渗油调查地点等信息

（1）采样地点。

（2）拍摄照片、录像地点及方向。

（3）下渗油污挖掘点。

5）绘制其他资源信息

（1）岸滩周边建筑粗略形态。

（2）周边敏感资源分布形态。

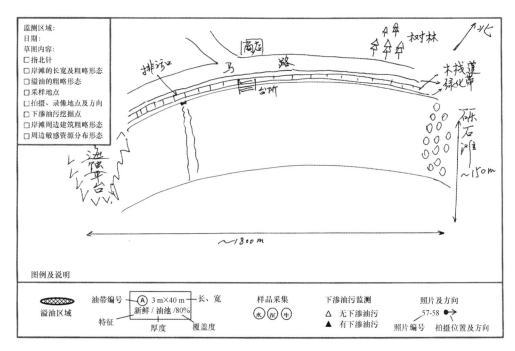

图 4-7 岸滩溢油监测现场草图绘制示意——第一步

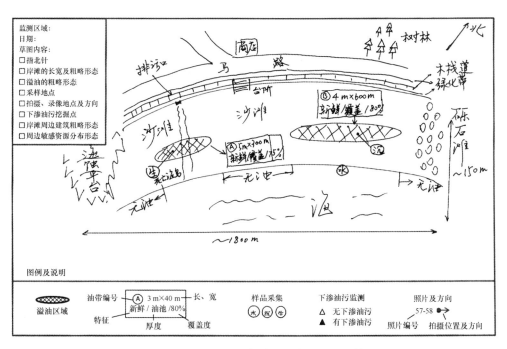

图 4-8 岸滩溢油监测现场草图绘制示意——第二步

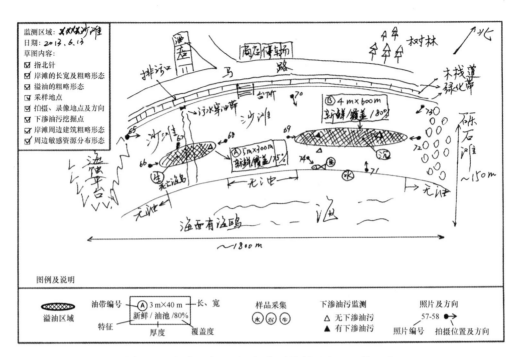

图 4-9　岸滩溢油监测现场草图绘制示意——第三步

第5章 岸滩溢油影响评价

5.1 岸滩溢油量估算

5.1.1 面状、带状和丝带状溢油的溢油量评估

（1）对于面状、带状和丝带状溢油,溢油体积:

$$V_1 = L \times W \times th \times c$$

式中,L(length)为长度(m);W(width)为宽度(m);th(thickness)为厚度(cm);c(coverage)为覆盖率(%)。

（2）对于丝带状溢油,溢油体积:

$$V_1 = L \times W \times th \times c$$

式中,厚度 th 按 0.1 cm 计。

图 5-1、图 5-2 和图 5-3 分别为 3 种溢油污染程度的海滩,溢油量估算示例如下。

1）重度溢油

图 5-1 重度溢油污染海滩

溢油长度约300 m,平均油厚约为1 cm,油宽度约为2 m,覆盖率90%。溢油量 = 300 m×0.01 m×2 m×90% = 5.4 m³,或者5 400 L/(300 m×2 m) = 9 L/m²。

2)中度溢油

图5-2　中度溢油污染海滩

溢油长度约500 m,平均油厚约为1 mm,油宽度约为5 m,覆盖率80%。溢油量 = 500 m×0.001 m×5 m×80% = 2 m³,或者2 000 L/(500 m×5 m) = 0.8 L/m²。

3)轻度溢油

图5-3　轻度溢油污染海滩

溢油长度约 200 m, 平均油厚约为 1 mm, 油宽度约为 5 m, 覆盖率 10%。溢油量 = 200 m×0.001 m×5 m×10% = 0.1 m³, 或者 100 L/(200 m×5 m) = 0.1 L/m²。

5.1.2 分散焦油球溢油量估算

焦油球溢油量:

$$V_2 = S \times M$$

式中, S 为岸滩油块覆盖范围, m²; M 为单位面积油块重量, g/m²。

5.1.3 下渗溢油量估算

下渗溢油油量 $V_3 = L \times W \times th \times 0.1$, 埋藏溢油油量计算公式为

$$V = L \times W \times th$$

式中, L 为油层长度; W 为油层宽度; th 为油层厚度。

5.2 岸滩溢油污染评价

5.2.1 岸滩类型因子 I_1

不同岸滩类型对油污持续时间及生态敏感度的影响不同, 根据岸滩类型识别的类型按表 5-1 对岸滩类型因子 I_1 赋分。对于遮蔽型等水动力或冲刷情况不好岸滩, 可在原等级基础上再提升 2~3 个赋分值。

表 5-1 岸滩类型评价因子 I_1 赋分

岸滩类型	生态岸滩	开阔潮滩	碎石滩	沙滩	基岩岩岸
类型因子 I_1 分值	10	7	5	3	1

5.2.2 岸滩功能因子 I_2

根据岸滩的社会服务功能, 对岸滩功能因子 I_2 进行赋分, 分值范围为 1~10。对于保护区、典型生态系统、野生动物栖息地及重要的文化旅游或人类活动区等赋分一般情况下大于 8。

5.2.3 溢油污染程度因子 I_3

本手册给出两种溢油污染程度因子计算方法。方法一简单直观, 但评价结果不能反映出污染程度较小的变化, 适用于小型、监测次数较少的溢油污染程度计算; 方法二

较为精细,所有监测数据可直接用于溢油污染程度计算,评价结果可反映出较小变化,适用于大型、对同一岸滩多次监测或多地点监测的溢油污染程度计算。

方法一:直观评价法

溢油污染程度分"重度""中度"和"轻度"3个等级。如有必要赋值情况下,重度按8~10赋值,中度按3~8赋值,轻度按1~3赋值。

分两步进行评价,首先根据表5-2溢油污染程度判定矩阵中宽度和覆盖度矩阵确定第一步溢油污染程度,然后根据第一步溢油污染程度和厚度矩阵判定最终污染程度。

表5-2 溢油污染程度判定矩阵

第一步:溢油宽度与覆盖度矩阵		溢油宽度标准			
		>5 m	3~5 m	0.5~3 m	0.5 m
覆盖度标准	>50%	重度	重度	中度	轻度
	10%~50%	重度	中度	中度	轻度
	1%~10%	中度	中度	轻度	轻度
	<1%	轻度	轻度	轻度	轻度

第二部:第一步溢油污染程度与厚度矩阵		第一步溢油污染程度		
		重度	中度	轻度
平均厚度标准	>1 cm	重度	重度	中度
	0.1~1 cm	重度	中度	轻度
	<0.1 cm	中度	轻度	轻度

方法二:数学计算法

面状、带状、丝带状溢油。根据溢油宽度、厚度、覆盖度及下渗情况确定溢油污染程度因子。

1)溢油宽度因子(I_w)

宽度≥5 m,$I_w = 10$;

宽度<5 m,I_w=宽度×2。

2)溢油覆盖度子因子(I_c)

I_c=覆盖度×10。

3)溢油厚度因子(I_{th})确定

厚度≥1 cm的溢油覆盖面积占总覆盖面积比例≥30%时,$I_{th} = 10$;

厚度≥1 cm的溢油覆盖面积占总覆盖面积比例≥10%且<30%时,按下式计算:

I_{th}=(厚度≥1 cm的溢油覆盖面积占总覆盖面积比例-10%)×10+8。

其他情况按下式计算：

I_{th}＝厚度≥0.1 cm 且<1 cm 溢油覆盖面积占总覆盖面积比例×8。

4)溢油污染程度因子(I_3)的计算

按下式进行计算：

$$I_3 = I_w \times I_{th} \times I_c \div 100$$

5.2.4 溢油性质因子I_4

溢油不同的性质对生态环境的影响程度不同,根据抵岸溢油性质识别,按表5-3对溢油性质因子I_4赋分。

表 5-3 溢油性质评价因子I_4赋分

溢油性质	新鲜	奶冻	油球	油片	残留	沥青
类型因子I_4分值	10	9	7	5	3	1

5.2.5 因子权重

5.2.5.1 因子权重确定方法

指标权重表示在综合评价过程中,根据影响被评价目标的不同组成要素的相对重要程度进行赋分,以区别对待各评价因子在总体评价中的作用。在评价过程中指标权重的确定决定了评估结果的科学性和准确性。目前指标权重的确定方法主要可分为三大类:主观赋权法、客观赋权法和组合赋权法,具体方法分类见表5-4。

表 5-4 赋权方法分类

种类	具体方法
主观赋权法	层次分析法、最小平方法、德尔菲专家咨询法、二项系数法、TACTIC 法、环比评分法
客观赋权法	主成分分析法、多目标优化法、离差及均方差法、熵权法
组合赋权法	将主观赋权法和客观赋权法相结合

主观赋权法是基于决策者的专业知识或者经验进行判断,确定指标权重的一种定性分析法。

客观赋权法相比主观赋权法研究较晚且较不成熟,是一种在权重的确定过程中根据原始数据之间的关系进行分析的定量分析法。

组合赋权法可以兼顾主观赋权法客观赋权法的优点,在有效反映决策者的主观意愿的同时,可减少主观赋权法可能造成的主观因素的随意性,以达到主客观的统一,使结果更加真实可靠。

考虑到岸滩溢油评价区域性特征明显,没有统一的评价标准,同时层次分析法和德尔菲专家打分法在定量分析和客观状况吻合方面有较多优越性,本研究采用比较客观的层次分析法(AHP法)并结合德尔菲专家咨询法(Delphi Method)确定各评价指标权重值。

5.2.5.2 德尔菲专家咨询法

设有 n 个评价指标,有 m 位专家负责给各个指标权重打分,a_{ij} 表示对第 i 项指标、第 j 位专家给出的权数值,且满足下式要求:

$$\sum_{i=1}^{n} a_{ij} = 1$$

其中,$j=1,2,\cdots,m$。

第 i 项指标的权数由下式计算而得:

$$\overline{a_i} = \frac{1}{m} \sum_{i=1}^{m} a_{ij}$$

$$w_i = \frac{\overline{a_t}}{\sum_{i=1}^{n} \overline{a_t}}$$

5.2.5.3 层次分析法

层次分析法是美国数学家莎迪(T.L.Saaty)于1980年首次提出的一种比较简单可行的决策方法,其主要优点是可以解决多目标的复杂问题。层次分析法也是一种定性与定量相结合的方法,能把定性问题定量化,将人的主观判断用数学的表达处理,并能在一定程度上检验和减少主观影响,使评价更趋于科学化。它可以为决策者提供多种决策方法,在定量和定性分析相结合中根据各个决策方案的标准决定权重数。

层次分析法确定权重的工作步骤和内容包括以下几点。

1)建立指标层次结构框架

将构成目标层的各准则层指标和指标层中的各评价参数按照从属关系进行分层,各因素指标分别纳入不同的层次结构,以框架结构说明各层次之间的从属关系。见图5-4所示。

2)构建判断矩阵

以 A_k 表示目标,针对准则层中的各个指标 B_i 或指标层中的各指标 C_i($i=1,2,\cdots,n$),通过两两指标比较,构建判别该层中各有关指标相对重要性的矩阵 P,如表5-5所示,并用数值1~9及其倒数来表示两两指标的相对重要性大小,如表5-6所示。

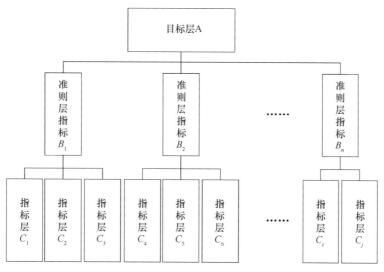

图 5-4　指标层次结果框架

表 5-5　B_i 对 B_j 的相对重要性的判断矩阵

A_k	B_1	B_2	B_3	...	B_n
B_1	b_{11}	b_{12}	b_{13}	...	b_{1n}
B_2	b_{21}	b_{22}	b_{23}	...	b_{2n}
⋮	⋮	⋮	⋮	⋮	⋮
B_n	b_{n1}	b_{n2}	b_{n3}	...	b_{nn}

表 5-6　标度值

标度	含义
1	两个指标同等重要
3	指标 i 比指标 j 稍微重要
5	指标 i 比指标 j 明显重要
7	指标 i 比指标 j 强烈重要
9	指标 i 比指标 j 极端重要
2,4,6,8	介于上述相邻的中间值
1~9 的倒数	指标 i 与指标 j 的比较判断值=其倒数

3)计算各指标权重值

根据判断矩阵,求出其最大特征根所对应的特征向量。方程如下:

$$P\omega = \lambda_{\max}\omega$$

所求特征向量经归一化,即为每个评价因素的重要性排序,也就是权重分配。

4)一致性检验

以上得到的权重分配是否合理,需要对判断矩阵进行一致性检验;若不能通过一次性检验,还需请专家重新进行构造判断矩阵,直至通过检验为止。使用公式:

$$CR = \frac{CI}{RI}$$

$$CI = \frac{\lambda_{\max} - N}{N - 1}$$

式中,CR 为判断矩阵的一般一致性指标;N 是判断矩阵阶数;RI 取值见表 5-7。

当 $CR<0.1$ 时,层次单排序结果满意;

当 $CR \geqslant 0.1$ 时,判断矩阵元素取值需要重新调整。

表 5-7 平均一致性指标

判断矩阵阶数 N	1	2	3	4	5	6	7	8	9	10
RI	0	0.58	0.9	0.12	1.24	1.32	1.41	1.45	1.49	1

5.2.5.4 岸滩溢油评价因子权重确定

1)岸滩溢油评价层次结构框架

岸滩溢油评价层次结构框架如图 5-5 所示。

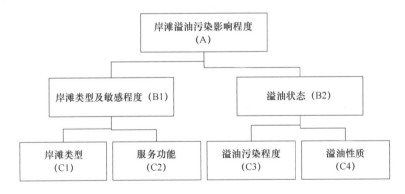

图 5-5 岸滩溢油评价层次结构框架

2)因子权重计算

因子关系评判结果及矩阵计算结果如表5-8。

表5-8　因子关系评判结果及矩阵计算结果

样本	B2：B1	C1：C2	C3：C4
样本1	1	1	5
样本2	2	2	5
样本3	1	2	
样本4	1	2	3
样本5	2	1	3
样本6	剔除	1	剔除
样本7	3	2	4
样本8	2	剔除	
样本9	3	剔除	4
样本10	剔除	1	3
样本11	1	1	5
样本12	1	剔除	4
样本13	剔除	2	6
样本14	剔除	2	4
样本15	1	1	剔除
样本16	1	剔除	3
样本17	1	1	4
样本18	2	2	4
平均值	1.571 4	1.500 0	4.071 4
倒数值	0.636 4	0.666 7	0.245 6
最大特征值	2	2	2
向量1	0.536 9	0.832	0.971 1
向量2	0.843 7	0.554 7	0.238 5
归一化向量1	0.388 9	0.600 0	0.802 8
归一化向量2	0.611 1	0.400 0	0.197 2

各因子关系样本评判结果,对应准则A、B层得到判断矩阵如表5-9所示。

表5-9　A-Bi层判断矩阵

评价因子	B1	B2
B1	1	1.571 4
B2	0.636 3	1

根据表 5-8,计算出判断矩阵的最大特征值 $\lambda_{\max}=2$,特征向量 $W=(W1,W2)T=$ $(0.388\ 9,0.611\ 1)T$,一致性比例 $CR=0$,判断矩阵具有满意的一致性,符合要求。

采用相同方法,可得到 C 层对 B 层的相对权重,并进行一致性检验,详见表 5-10,最后得出各因子权重值。

表 5-10　B-Ci 层矩阵计算结果

矩阵	特征向量	$\lambda_{\max}$	CR
B1-Ci	(0.600 0,0.400 0)	2	0
B2-Ci	(0.802 8,0.197 2)	2	0

根据 A-Bi 层和 B-Ci 层因子权重计算结果,得出各因子权重如表 5-11 所示。

表 5-11　各因子权重计算结果

评价因子	B1	B2	因子权重
C1	0.60		0.24
C2	0.40		0.16
C3		0.80	0.48
C4		0.20	0.12

5.2.6　岸滩溢油污染影响程度指数 I

综合岸滩类型因子 I_1、岸滩服务功能因子 I_2、溢油状态因子 I_3 和溢油性质因子 I_4 计算岸滩溢油污染影响程度指数。

岸滩溢油污染影响程度指数计算公式为:

$$I=\sum_{i=1}^{N}(\omega_i\cdot I_i)$$

式中,I 为岸滩溢油污染影响程度指数;I_i 为 i 因子赋分值;ω_i 为 i 因子权重;N 为参评因子个数。

5.2.7　评价标准及溢油影响等级

根据岸滩溢油污染影响程度指数,按表 5-12 进行溢油对岸滩影响分级。

表 5-12 岸滩溢油影响综合评价分级

岸滩溢油污染影响程度指数 I_s 区间	影响等级
$7 \leqslant I_s \leqslant 10$	溢油对岸滩的污染影响大
$5 \leqslant I_s < 7$	溢油对岸滩的污染影响较大
$3 \leqslant I_s < 5$	溢油对岸滩的污染影响中等
$1 \leqslant I_s < 3$	溢油对岸滩的污染影响较小
$0 \leqslant I_s < 1$	溢油对岸滩的污染影响小

5.3　岸滩溢油监测与评价报告大纲

岸滩溢油监测评价报告大纲内容如下。

1）概述

简述评估任务由来、评估技术依据、评估目的、评估范围、评估内容与程序等。

2）评估区域概况

简述自然环境、生态环境、社会环境等，重点描述周边敏感资源情况。

3）岸滩溢油生态损害调查

简单介绍工作开展情况、岸滩溢油现场描述（岸滩类型与服务功能、岸滩状态与性质识别和现场照片）、下渗油污监测等。

4）溢油量估算与溢油源诊断

利用调查结果开展溢油量估算；

对采集的溢油样品开展油指纹鉴定，将鉴定结果简要描述，在图中给出。

5）溢油岸滩生态损害评估

岸滩环境质量评价（评价水质、沉积物、生物质量等质量状况）；

岸滩溢油污染评价（GIS 图示）。

6）评估结论

包括岸滩影响范围、溢油量估算和溢油岸滩生态损害程度等主要结论。

第6章 岸滩溢油监测评价技术应用示例

6.1 案例概述

2013 年,某输油管道发生爆炸事故,造成油污沿排污渠入海,对入海点周围岸滩及其他岸滩造成影响。监测人员对溢油入海点附近现场及溢油可能影响的岸滩进行了长时间持续监测,采用本研究方法调查了溢油影响岸滩的类型、服务功能,掌握了溢油主要影响的岸滩分布及污染区域的影响程度。

本章选择 4 处岸滩进行介绍。

A 岸滩为溢油入海点,是一条石头材质的陆地排污渠。

B 岸滩为石头材质的防波堤。

C 岸滩大部分为乱石滩、部分为沙滩,退潮时有部分平坦的潮间带。

D 岸滩为沙滩。

6.2 溢油重点区域及生态环境基本情况

溢油点濒临一半封闭海湾,天然深水航道水深 10~15 m,无泥沙淤积,冬季不结冰。属暖温带季风气候区,多年平均气温为 12.2℃,潮汐为典型的半日潮,平均潮差 2.71 m,最大潮差 6.87 m,涨潮历时小于落潮历时,潮流为往复半日潮流,涨潮流速大于涨潮流速。海浪以风浪为主。

该海湾北部为典型的河口海湾型湿地,湿地总面积约 37 km²,是水鸟迁徙的重要停歇地和越冬地。由于多年沿岸填海造地,水域面积逐渐减小。随着沿岸工业化程度的加速,排污量大增,污染也日趋加剧。填海造地使海湾面积缩小,造成的直接结果是纳潮量减小,这大大降低了海湾的调节功能,加重了污染。湿地减少与污染使生态环境遭受严重破坏。

6.3 岸滩溢油污染影响调查

6.3.1 工作开展情况

溢油入海后不久,海面溢油和 A 岸滩溢油发生爆燃,之后,在溢油入海点排污渠内临时构筑一条拦截土坝,溢油入海点设置 4 道围油栏,溢油不再进入海洋。溢油后第一日白天、夜间和第二日白天,风向为南风,风力 3~4 级。溢油入海后,主要向外海扩散,第二日,有部分海面漂油随潮流流出海湾或被进出船舶带出海湾。在潮汐(涨潮)和海流的共同作用下,部分海面漂油在 B 岸滩登陆。

从溢油后第二日夜间开始,风向转为北风、西北风,风力从 4~5 级逐步加大至 6~7 级,大量海面漂油在风力、潮汐和海流作用下登陆 B 岸滩、C 岸滩和 D 岸滩。海面漂油污染程度呈减少趋势,主要油污来源为上述岸滩登陆的油污在潮汐和海流作用下重新进入海洋。

监测人员对这 4 处岸滩开展了长达一个月的连续调查。主要工作内容为对溢油现场进行拍照摄像、记录溢油污染区域的范围、周围生态环境状况、溢油处置状况、油污下渗情况等,并绘制现场工作草图。监测评价人员根据《岸滩溢油监测评价技术指南》计算了每日溢油污染影响程度指数,形成了变化趋势报告。

6.3.2 岸滩类型及服务功能调查

6.3.2.1 A 岸滩和 B 岸滩

该处岸滩为防波堤,岸滩类型为开阔式坚固人工构筑物,详见图 6-1。

图 6-1 A、B 岸滩照片

根据《山东省海洋功能区划》(2011—2020),A、B两处岸滩毗邻水域服务类型为港口航运区,实地调查发现该两处岸滩无其他敏感的社会服务功能。

6.3.2.2　C 岸滩

C 岸滩主要为乱石滩,潮上带附近有部分沙滩,潮下带附近有部分平坦的泥滩,详见图6-2。

图 6-2　C 岸滩照片

根据《山东省海洋功能区划》(2011—2020),该处岸滩毗邻水域服务类型为港口航运区,实地调查发现该处岸滩无其他敏感的社会服务功能。

6.3.2.3　D 岸滩

D 岸滩主要为沙滩,潮上带附近有部分乱石,潮下带附近有部分平坦的泥滩,详见图6-3。

图 6-3　D 岸滩照片

根据《山东省海洋功能区划》(2011—2020),该处岸滩毗邻水域服务类型为港口航运区,实地调查发现该处岸滩有农户开展滩涂养殖。

6.3.3 岸滩溢油污染调查

6.3.3.1 A岸滩溢油污染状况

溢油事故发生后,溢油从排污渠进入海洋,在南风的作用下,排污渠内和溢油入海点西侧岸线受污染较重,东侧岸线也存在污染。溢油入海后,入海点附近海面和排污渠内溢油发生爆燃,部分溢油被燃烧。排污渠内接近水面部分宽度约1~3 m的石头表面溢油被燃烧掉,但仍有部分溢油残留在石头缝隙中(图6-4)。

第一日   第二日

第三日   第四日

第五日   第六日

图6-4 溢油入海后第一日至第六日A岸滩油污情况

溢油后第二日至第四日,现场监测发现,在排污渠内构筑完成一条拦污坝,同时入海点附近海面布置4条围油栏,该区域基本不受海面溢油的二次污染。排污渠内散落有大量吸油毡,污染程度与溢油当日相当。

溢油后第五日至第六日,随着清污工作的开展,排污渠内油污较之前有所减轻,但石头缝隙中均有油污。

第六日后,该段岸滩污染程度基本不变,石头缝隙中仍有油污。

6.3.3.2 B岸滩溢油污染状况

溢油事故发生后,溢油从排污渠进入海洋,B岸滩受污染较重,溢油发生燃烧,部分溢油烧掉,但仍有部分溢油残留在石头缝隙中。

溢油后第二日至第四日,因受南风转北风及涨落潮影响,B岸滩溢油污染程度呈加重趋势。

第五日至第六日,持续的北风和东北风使该段岸滩溢油污染一直不见减轻,石头缝隙仍有油污。

第六日后,有清污人员陆续进入该段岸滩作业,污染程度有所减轻,但仍有油污存在于石头缝隙中(图6-5)。

第一日

第五日

第六日

图6-5 溢油后第一日、第五日、第六日B岸滩油污情况

6.3.3.3　C 岸滩溢油污染状况

受南风影响,C 岸滩直到溢油事故发生当日下午才有油污登陆。溢油后的第二日,发现 C 岸滩有不连续少量油污分布,主要集中于礁石缝隙。推测该区域夜间涨潮时(约17—23时)曾被表面覆盖有油膜的海水覆盖,因风向主要为南风,溢油登陆很少。

第二日夜间,风向由南转北,并一直持续,油污在此区域大量登陆。溢油后第三日至第五日,岸滩沾满连续分布油污,宽度约 20~50 m。

溢油后第六日,对该区域岸滩污染情况进行了详细调查。结果发现,该区域长约500 m、宽约 50 m 范围的岸滩有连续油污分布;部分油污集聚于岩石间形成的池状区域,油污厚度 3~5 cm,部分严重区域最大厚度可达 10 cm;潮水可淹没的其他岸滩全部沾满油污,因潮水冲刷作用,低潮带污染较轻,为石头表面沾有油污,中潮带以上区域油污较厚,厚度 1~2 cm。从第五日航空遥感监测照片分析,该区域为中后期海上持续有油污的主要来源。

从第七日开始,该区域有清污人员进行作业,主要清除了较厚部分的溢油,岩石表面暂未做处理。清污过程中,该区域污染范围未发生明显变化,重度污染区域污染程度明显减轻。

溢油后 C 岸滩油污情况及溢油现场监测草图见图 6-6 和图 6-7。

6.3.3.4　D 岸滩溢油污染状况

溢油事故发生当日 15 时,随涨潮,D 岸滩开始出现油污。油污主要漂浮在与岸滩相接的水面,厚度 1~2 mm,宽度约 5 m。

第二日,在南风的作用下,溢油少量登陆,在高潮区形成一条长度约 1 km、宽度约 0.2 m 的油带。油污最厚处超过 1 cm,主要在堤坝底部堆积。油带下方向海一侧为丝带状油污,低潮区有零星油膜。另外,岸滩上零星分布有较大的油饼或油片,分布密度约为 5 块/100 m。污染范围最大至大石头西 1 km,污染程度由东向西逐渐减轻。

第三日后,在持续北风作用下,油污大量登陆该岸滩,污染程度逐步加大,且由东向西逐渐减轻。

自第九日开始,该区域有清污人员进行作业,主要清除了较厚部分的溢油,岩石表面暂未做处理。清污过程中,该区域污染范围未发生明显变化,重度污染区域污染程度明显减轻。

溢油发生后第一日至第八日 D 岸滩油污情况及现场监测草图见图 6-8 和图 6-9。

第二日　　　　　　　　　　　　　　第三日

第四日　　　　　　　　　　　　　　第五日

第六日　　　　　　　　　　　　　　第六日

第七日　　　　　　　　　　　　　　第七日

图 6-6　溢油发生后第二日至第十二日 C 岸滩油污情况(一)

第九日   第十日

第十日   第十日

第十一日   第十一日

第十二日   第十二日

图 6-6　溢油发生后第二日至第十二日 C 岸滩油污情况(二)

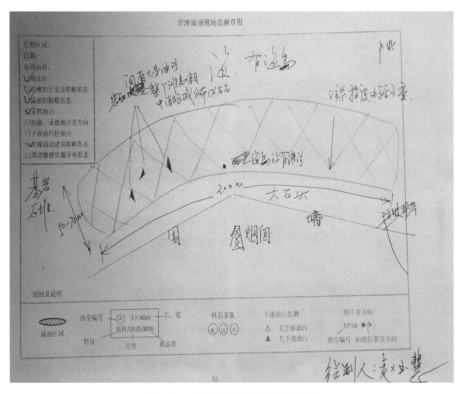

图 6-7   C 岸滩溢油现场监测草图

6.3.4   下渗油污调查

A 岸滩和 B 岸滩为石头堆积而成的防波堤,石头间留有很大空隙,溢油非常容易进入其内部。C 岸滩主要为基岩岸滩,调查发现,大量溢油存在于岸滩的洼地上,只有少量溢油进入石缝。D 岸滩主要为沙滩,调查发现,随着涨落潮携带泥沙将前日岸滩溢油覆盖,该处岸滩有下层埋藏油污,主要分布在高潮带表面油污下,宽度 1~2 m,埋藏层数 2~3 层,埋藏深度 10~15 cm,油层厚度 2~5 cm(见图 6-10)。

6.4   岸滩上溢油残存量估算

6.4.1   第一日岸滩溢油残存量估算

6.4.1.1   A 岸滩溢油残存量

采用溢油后第一日监测数据计算 A 岸滩排污渠内溢油量。该部分溢油因拦污坝和排污渠外围油栏拦截,溢油量相对固定,后续每日监测结果也证明此结论。

第一日　　　　　　　　　　　　第二日

第三日　　　　　　　　　　　　第四日

第五日　　　　　　　　　　　　第六日

第七日　　　　　　　　　　　　第八日

图 6-8　溢油发生后第一日至第八日 D 岸滩油污情况

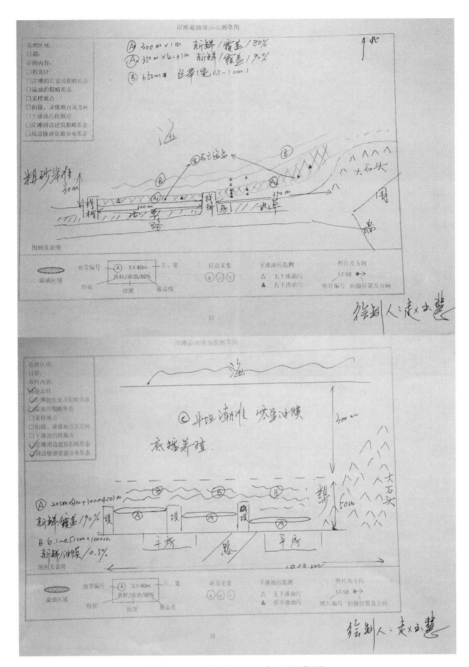

图 6-9　D 岸滩溢油现场监测草图

　　该区域两侧岸线长度约 300 m,现场监测照片显示,该区域岸滩表面油污经过燃烧,仍有部分留存在岸滩石头表面,宽度约 1 m,厚度从油膜到 1 cm 不等。另外,石头缝隙中存留部分油污,按与石头表面相当计算,估算得该区域内溢油量为 0.9 m³。

图 6-10　D 岸滩油污埋藏情况

6.4.1.2　B 岸滩溢油残存量

根据现场监测,B 岸滩溢油长度约 1 500 m,溢油与岸滩作用时间短,未形成较厚的油层,覆盖度约为 50%,较厚油污约 1 cm,分布较少。部分溢油下渗至石头缝隙,下渗程度较排污渠内轻,下渗量约 50%。该段岸滩溢油残存量相关估算参数见表 6-1,估算得 B 岸滩溢油量为 0.3 m³。

表 6-1　第一日岸滩溢油残存量估算参数表

监测区域	A 岸滩	B 岸滩
岸滩类型	人工护岸	人工护岸
岸滩服务功能	港口工业区	港口工业区
油污状态	连续分布	连续分布
油污长度(m)	300	1 000
油污宽度(m)	1	0.5
分布面积(m²)	300	500
覆盖率	100%	60%
厚度>1 cm 比例	5%	1%
计算厚度(cm)	1	1
厚度 0.1~1 cm 比例	85%	40%
计算厚度(cm)	0.1	0.1
厚度<0.1 cm 比例	15%	59%
计算厚度(cm)	0.05	0.02
下渗情况	下渗	下渗
层数	—	—
厚度(cm)	—	—
下层油污比例	100%	60%
残油量(m³)	0.9	0.3

6.4.1.3　C 岸滩和 D 岸滩溢油残存量

第一日下午,随涨潮作用,C 岸滩和 D 岸滩开始出现油污。油污主要漂浮在与岸滩相接的水面,厚度 1~2 mm,宽度约 5 m,为避免溢油残存量重复计算,该部分溢油纳入海面溢油量估算。因此,C 岸滩和 D 岸滩第一日不再进行岸滩溢油残存量估算。

6.4.2　第二日岸滩溢油残存量估算

6.4.2.1　A 岸滩溢油残存量

因清污作用,A 岸滩溢油残存量较前一日有所降低,为 0.8 m³。

6.4.2.2　B 岸滩溢油残存量

监测结果显示,B 岸滩污染程度与第一日相当,随着溢油与岸滩作用时间增长,溢油覆盖度也增大至 60%,下渗溢油量仍约 60%,相关参数见表 6-2。估算得溢油量为 0.3 m³。

6.4.2.3　C 岸滩溢油残存量

第二日 C 岸滩有连续少量油污分布,主要集中于礁石缝隙,覆盖度约 1%,溢油分布范围为长约 500 m,宽约 15 m。1% 的面积按厚度 1 cm 计算,99% 的面积按厚度 0.1 cm 计算,相关参数见表 6-1。估算得该区域溢油量为 0.1 m³。

6.4.2.4　D岸滩溢油残存量

在南风的作用下,溢油少量登陆,在高潮区形成一条长度约1 000 m、宽度0.2 m的油带,油污最厚处超过1 cm。另外,岸滩上零星分布有较大的油饼或油片(图6-11),分布密度约为5块/100 m,这些分散分布的油污不单独计算溢油量,通过适当增加油带超过1 cm厚度部分比例进行估算,该油带溢油残存量估算参数见表6-2。估算得该油带溢油量为0.4 m³。

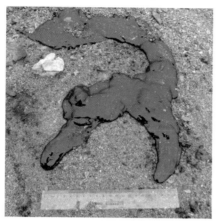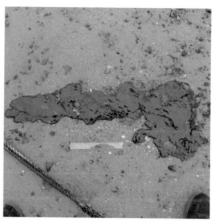

图6-11　D海滩第二日分散分布的油饼、油片状态

表6-2　第二日岸滩溢油量估算参数

监测区域	A岸滩	B岸滩	C岸滩	D岸滩
岸滩类型	人工护岸	人工护岸	基岩	粗砂
岸滩服务功能	港口工业区	港口工业区	港口工业区	港口工业区
油污状态	连续分布	连续分布	零星	连续分布
油污长度(m)	300	1 000	500	1 000
油污宽度(m)	1	0.5	15	0.2
分布面积(m²)	300	500	7 500	200
覆盖率	100%	60%	1%	90%
厚度>1 cm比例	1%	1%	1%	1%
计算厚度(cm)	1	1	1	1
厚度0.1~1 cm比例	99%	40%	99%	99%
计算厚度(cm)	0.1	0.1	0.1	0.2
厚度<0.1 cm比例	45%	59%		35%
计算厚度(cm)	0.05	0.02		0.05
下渗情况	下渗	下渗	—	无
层数	—	—	—	—
厚度(cm)	—	—	—	—
下层油污比例	100%	60%		
残油量(m³)	0.8	0.3	0.1	0.4

油带下方向海一侧为丝带状油污,低潮区有零星油膜,本次溢油量估算中忽略不计。

6.4.3 第三日岸滩溢油残存量估算

第三日,在北风的作用下,大量油污由海面登陆,并在岸滩的礁石、石头缝隙和沙滩上存留,岸滩污染较第二日加重。

6.4.3.1 A岸滩溢油残存量

A岸滩溢油残存量与前一日相当,为0.8 m³。

6.4.3.2 B岸滩溢油残存量

监测结果显示,B岸滩污染程度较前一日略微加大,油污分布范围总体一致,但覆盖率、下渗程度有所加大。覆盖率按50%估算,下渗油污量按与表层油污相当估算,其他具体估算参数见表6-3。估算得B岸滩溢油残存量为0.7 m³。

6.4.3.3 C岸滩溢油残存量

C岸滩油污量较前一日明显增大,油污染范围基本维持不变。本日油污覆盖度按50%估算,大于1 cm厚度油污主要存留在岩石缝隙之间和水坑上,按1%估算,0.1 cm厚度溢油按99%估算,其他估算参数见表6-3。估算得C岸滩溢油残存量为4.1 m³。

表6-3 第三日岸滩溢油量估算参数

监测区域	A岸滩	B岸滩	C岸滩	D岸滩
岸滩类型	人工护岸	人工护岸	基岩	粗砂
岸滩服务功能	港口工业区	港口工业区	港口工业区	港口工业区
油污状态	连续分布	连续分布	零星	连续分布
油污长度(m)	300	1 000	500	1 000
油污宽度(m)	1	1	15	4
分布面积(m²)	300	1 000	7 500	4 000
覆盖率	100%	50%	50%	40%
厚度>1 cm比例	1%	1%	1%	1%
计算厚度(cm)	1	1	1	1
厚度0.1~1 cm比例	99%	50%	99%	99%
计算厚度(cm)	0.1	0.1	0.1	0.5
厚度<0.1 cm比例	45%	49%		
计算厚度(cm)	0.05	0.02		
下渗情况	下渗	下渗	—	无
层数	—	—	—	—
厚度(cm)	—	—	—	—
下层油污比例	100%	100%		
残油量(m³)	0.8	0.7	4.1	8.1

6.4.3.4 D岸滩溢油残存量

第三日D岸滩溢油量较前一日明显增大。现场监测结果显示(图6-12),岸滩油污宽度约3~5 m,覆盖度约40%。溢油厚度大于1 cm的范围按1%估算,0.1~1 cm的范围按99%估算,其他估算参数见表6-3。估算得D岸滩溢油残存量为8.1 m³。

图6-12　第三日D岸滩溢油状况

6.4.4　第四日岸滩溢油残存量估算

溢油后第四日,在海浪与风力作用下,油污继续从海面登陆,并在岸滩的礁石、石头缝隙和沙滩上存留,岸滩污染继续加重。

6.4.4.1　A岸滩溢油残存量

A岸滩溢油残存量与前一日相当,为0.8 m³。

6.4.4.2　B岸滩溢油残存量

B岸滩油污逐渐堆积,堆积油层变厚,污染程度较前一日有所增加,油污主要分布于两岸的礁石及石缝中,分布面积与覆盖率没有明显变化。估算过程中,5%的面积按厚度1.1 cm计算,95%的面积按厚度0.1 cm计算,相关参数见表6-4。计算得B岸滩溢油量为0.5 m³。

表6-4　第四日岸滩溢油量估算参数

监测区域	A岸滩	B岸滩	C岸滩	D岸滩
岸滩类型	人工护岸	人工护岸	基岩	粗砂
岸滩服务功能	港口工业区	港口工业区	港口工业区	港口工业区
油污状态	连续分布	连续分布	零星	连续分布
油污长度(m)	300	1 000	500	1 000
油污宽度(m)	1	1	15	3
分布面积(m²)	300	1 000	7 500	3 000
覆盖率	100%	30%	60%	50%
厚度>1 cm比例	1%	1%	1%	1%
计算厚度(cm)	1	1	1	1

监测区域	A 岸滩	B 岸滩	C 岸滩	D 岸滩
厚度 0.1~1 cm 比例	99%	60%	99%	99%
计算厚度(cm)	0.1	0.1	0.2	0.5
厚度<0.1 cm 比例	45%	39%		
计算厚度(cm)	0.05	0.02		
下渗情况	下渗	下渗	—	埋藏
层数	—	—	—	—
厚度(cm)	—	—	—	—
下层油污比例	100%	100%		5%
残油量(m³)	0.8	0.5	9.4	8.0

6.4.4.3　C 岸滩溢油残存量

第四日大石头周围油污继续堆积,油污分布面积没有明显变化,覆盖面积有所扩大。按 60% 计,积岩石缝隙和水坑上的附着或堆积的大于 1 cm 厚度油污按 1 cm 估算,比例约占 1%,0.1 cm 厚度溢油按 99% 估算,其他估算参数见表 6-4。估算得 C 岸滩溢油量约为 9.4 m³。

6.4.4.4　D 岸滩溢油残存量

第四日 D 岸滩油污较前一日继续加重,部分区域油污囤积严重,油污分布在高潮带,呈条带状分布,宽 3~5 m,覆盖度约 50%。溢油厚度大于 1 cm 的范围按面积 1%、厚度 1 cm 估算,0.1~1 cm 的范围按 99% 估算,其他估算参数见表 6-4,估算得 D 岸滩溢油量为 8.0 m³。

6.4.5　第五日岸滩溢油残存量估算

第五日,在海浪与风力作用下,油污继续从海面登陆,岸滩污染继续加重。

6.4.5.1　A 岸滩溢油残存量

A 岸滩溢油残存量与前一日相当,为 0.8 m³。

6.4.5.2　B 岸滩溢油残存量

监测结果显示,B 岸滩油污逐渐渗透到岸滩礁石的石缝中,厚度较前一日有所增加,分布面积与覆盖率没有明显变化。岸滩溢油残存量估算过程中,1% 的面积按厚度 1 cm 计算,99% 的面积按厚度 0.1 cm 计算,相关参数见表 6-5。计算得 B 岸滩溢油量为 2.1 m³(西侧)。

表 6-5　第五日岸滩溢油残存量估算参数

监测区域	A 岸滩	B 岸滩	C 岸滩	D 岸滩
岸滩类型	人工护岸	人工护岸	基岩	粗砂
岸滩服务功能	港口工业区	港口工业区	港口工业区	港口工业区
油污状态	连续分布	连续分布	零星	连续分布
油污长度(m)	300	1 000	500	1 000
油污宽度(m)	1	2	15	4
分布面积(m²)	300	2 000	7 500	4 000
覆盖率	100%	30%	70%	50%
厚度>1 cm 比例	1%	1%	10%	10%
计算厚度(cm)	1	1	1	1
厚度 0.1~1 cm 比例	99%	70%	90%	90%
计算厚度(cm)	0.1	0.1	0.2	0.2
厚度<0.1 cm 比例	45%	29%		
计算厚度(cm)	0.05	0.02		
下渗情况	下渗	下渗	—	埋藏
层数	—	—	—	—
厚度(cm)	—	—	—	—
下层油污比例	100%	100%		5%
残油量(m³)	0.8	1.0	14.7	5.9

6.4.5.3　C 岸滩溢油残存量

第五日,C 岸滩周围油污继续堆积,油污分布面积与前一日总体一致,覆盖面积有所扩大,按 70%计;大于 1 cm 厚度油污比例约为 10%,厚度按 1 cm 估算,0.1 cm 厚度溢油按 90%估算,其他估算参数见表 6-5,估算得当日 C 岸滩溢油量约为 14.7 m³。

6.4.5.4　D 岸滩溢油残存量

第五日大石头西侧岸滩油污较前一日继续加重,油污仍呈条带状分布,宽度变宽,约 4 m,覆盖度约 50%,在岸上水坑和石缝中囤积现象加重。溢油厚度大于 1 cm 的范围按面积 10%、厚度 1 cm 估算,0.1~1 cm 的范围按 90%估算,其他估算参数见表 6-5。估算溢油量为 5.9 m³。

6.4.6　第六日岸滩溢油残留量估算

6.4.6.1　A 岸滩溢油残存量

A 岸滩溢油残存量与前一日变化不大,按 0.8 m³ 估算。

6.4.6.2　B 岸滩溢油残存量

监测结果显示,B 岸滩溢油覆盖率约80%,石头缝隙有油污,按与可见表面油污相当计算。大于 1 cm 厚度油污按 1%计算,其他按 0.1 cm 计算,其他估算参数见表 6-6。估算该岸滩溢油残存量为 1.5 m³。

表 6-6　第六日岸滩溢油量估算参数

监测区域	A 岸滩	B 岸滩	C 岸滩	D 岸滩
岸滩类型	人工护岸	人工护岸	基岩	粗砂
岸滩服务功能	港口工业区	港口工业区	港口工业区	港口工业区
油污状态	连续分布	连续分布	连续分布	连续分布
油污长度(m)	300	1 000	500	1 200
油污宽度(m)	1	2	15	2
分布面积(m²)	300	2 000	7 500	2 400
覆盖率	100%	40%	80%	60%
厚度>1 cm 比例	1%	1%	30%	15%
计算厚度(cm)	1	1	1	1
厚度 0.1~1 cm 比例	99%	80%	70%	85%
计算厚度(cm)	0.1	0.1	0.2	0.5
厚度<0.1 cm 比例	45%	19%		
计算厚度(cm)	0.05	0.02		
下渗情况	下渗	下渗	—	埋藏
层数	—	—	—	2
厚度(cm)	—	—	—	5
下层油污比例	100%	100%		10%
残油量(m³)	0.8	1.5	26.4	9.1

6.4.6.3　C 岸滩溢油残存量

第六日,C 岸滩长约 500 m、宽约 15 m 范围有连续油污分布;部分油污集聚于岩石间形成的池状区域,油污厚度约 3~5 cm,部分严重区域最大厚度可达 10 cm;潮水可淹没的其他岸滩全部沾满油污,因潮水冲刷作用,低潮带污染较轻,为石头表面沾有油污,中潮带以上区域油污较厚,厚度约 1~2 cm(图 6-13)。

图 6-13　C 岸滩污染情况

该处岸滩溢油厚度超过 1 cm 面积按 30%估算,部分溢油均按 0.2 cm 估算,其他估算参数见表 6-6。估算 C 岸滩溢油残留量为 26.4 m³。

6.4.6.4　D岸滩溢油残留量

第六日D岸滩分布有长约1.2 km的油带,污染程度由东向西逐步减弱,油带宽度约2 m。靠近大石头约500 m范围溢油污染最重,覆盖度达100%,向西逐步减弱,覆盖度按60%估算,大于1 cm厚的油污按15%估算。

随着涨落潮携带泥沙将前日岸滩溢油覆盖,该处岸滩出现下层埋藏油污,主要分布在高潮带表面油污下,宽度1~2 m,埋藏层数2~3层,埋藏深度10~15 cm,油层厚度2~5 cm。在溢油量估算中,下渗油污量按10%计算,其他估算参数见表6-6。估算D岸滩溢油残留量为9.1 m³。

6.4.7　后续岸滩溢油残留量估算及趋势分析

监测发现,前六日溢油事故对岸滩的影响程度逐步加大,第六日达到最大。这与当时气象和海流条件有关。溢油发生后,在南风作用下,较少溢油登陆岸滩,随着第二天夜间风向南转北,大批溢油登陆岸滩,对岸滩造成的影响逐渐加大。溢油出现由海面向岸滩转移的趋势,第六日岸滩溢油的残留量达到最大。之后,随着清污活动开展和海水冲刷,岸滩溢油被清理或进入海水,岸滩油污呈逐渐减少趋势。因此,本书对第六日之后溢油残留量估算不再赘述,具体结果详见表6-7。各岸滩逐日溢油是变化趋势见图6-14。

表6-7　各岸滩逐日溢油残留量估算结果　　　　　　　　单位:m³

日期	A岸滩	B岸滩	C岸滩	D岸滩	合计
11月22日	0.9	0.3			1.2
11月23日	0.8	0.3	0.1	0.4	1.6
11月24日	0.8	0.7	4.1	8.1	13.7
11月25日	0.8	0.5	9.4	8.0	18.6
11月26日	0.8	1.0	14.7	5.9	22.4
11月27日	0.8	1.5	26.4	9.1	37.8
11月28日	0.6	1.5	21.6	8.7	32.4
11月29日	0.6	1.5	16.3	8.7	27.1
11月30日	0.8	1.1	10.5	5.8	17.9
12月1日	0.5	0.5	7.2	2.9	11.1
12月2日	0.3	0.4	4.7	1.1	6.4
12月3日	0.2	0.4	3.2	0.8	4.7
12月4日	0.1	0.4	2.0	0.5	3.0
12月5日	0.1	0.4	1.4	0.4	2.3
12月6日	0.1	0.4	0.8	0.3	1.5
12月7日	0.1	0.4	0.6	0.3	1.3
12月7日后,表明岸滩溢油逐步减少,至1月底仅剩零星污染,但石缝中仍有残留					

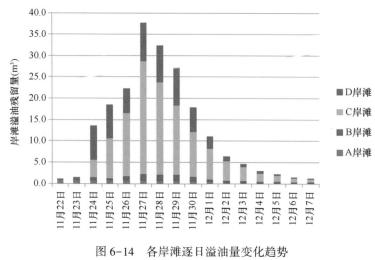

图 6-14　各岸滩逐日溢油量变化趋势

6.5　岸滩溢油污染影响程度评价

6.5.1　各评价因子值的选取

岸滩类型因子:A 岸滩和 B 岸滩为防波堤,岸滩类型为开阔式坚固人工构筑物,因溢油非常容易进入其内部,应适当提升因子值,岸滩类型因子值选择 4。C 岸滩主要为乱石滩,潮上带附近有部分沙滩,潮下带附近有部分平坦的泥滩,综合考虑上述因素,岸滩类型因子值选择 5。D 岸滩为粗砂滩,岸滩类型因子值为 3。

溢油性质因子:此次溢油为新鲜溢油,溢油初期因子值选择 8,之后逐渐降低,进入 12 月后,因子值选择为 5。

岸滩服务功能因子:4 处岸滩毗邻水域服务类型为港口航运区,A 岸滩、B 岸滩、C 岸滩比邻无其他敏感目标,岸滩服务功能因子值选择 2。D 岸滩实地调查发现该处岸滩有农户开展滩涂养殖,岸滩服务功能因子值适当增加,选择 4。

溢油污染程度因子:根据溢油分布、厚度、覆盖度等数据计算该因子值。

6.5.2　各岸滩溢油影响程度评价

各岸滩逐日厚度比例因子值、分布面积因子值、覆盖度因子值、下渗程度加权值、油污程度因子计算值、油污性质因子值、岸滩类型因子值、服务功能因子值、影响程度指数和综合等级详见表 6-8~表 6-11。

表 6-8　A 岸滩各评价因子值

日期	厚度比例	分布面积	覆盖度	下渗加权	油污程度	油污性质	岸滩类型	服务功能	影响程度	综合等级
11 月 22 日	6.8	3	10	1	10.0	8	4	2	7.04	影响大
11 月 23 日	7.9	3	10	1	10.6	8	4	2	7.31	影响大
11 月 24 日	7.9	3	10	1	10.6	7	4	2	7.19	影响大
11 月 25 日	7.9	3	10	1	10.6	7	4	2	7.19	影响大
11 月 26 日	7.9	3	10	1	10.6	6	4	2	7.07	影响大
11 月 27 日	7.9	3	10	1	10.6	6	4	2	7.07	影响大
11 月 28 日	6.4	3	10	1	9.8	6	4	2	6.70	影响较大
11 月 29 日	6.4	3	10	1	9.8	6	4	2	6.70	影响较大
11 月 30 日	6.4	3	10	1	9.8	5	4	2	6.58	影响较大
12 月 1 日	4.0	3	10	1	8.6	5	4	2	6.01	影响较大
12 月 2 日	1.6	3	8	1	6.2	5	4	2	4.86	中等
12 月 3 日	0.8	3	7	1	5.2	5	4	2	4.38	中等
12 月 4 日	0.1	3	5	1	3.6	5	4	2	3.63	中等
12 月 5 日	0.1	3	5	1	3.6	5	4	2	3.63	中等
12 月 6 日	0.1	3	5	1	3.6	5	4	2	3.63	中等
12 月 7 日	0.1	3	5	1	3.6	5	4	2	3.63	中等

表 6-9　B 岸滩各评价因子值

日期	厚度比例	分布面积	覆盖度	下渗加权	油污程度	油污性质	岸滩类型	服务功能	影响程度	综合等级
11 月 22 日	3.2	7.5	5	0.5	5.4	8	4	2	4.81	中等
11 月 23 日	3.2	5	6	0.6	5.5	8	4	2	4.87	中等
11 月 24 日	4.0	10	5	1	7.0	7	4	2	5.48	影响较大
11 月 25 日	4.8	10	3	1	6.2	7	4	2	5.10	影响较大
11 月 26 日	5.6	10	3	1	6.6	6	4	2	5.17	影响较大
11 月 27 日	6.4	10	4	1	7.6	6	4	2	5.65	影响较大
11 月 28 日	6.4	10	4	1	7.6	6	4	2	5.65	影响较大
11 月 29 日	6.4	10	4	1	7.6	6	4	2	5.65	影响较大
11 月 30 日	4.8	10	4	1	6.8	5	4	2	5.14	影响较大
12 月 1 日	4.8	10	2	1	5.6	5	4	2	4.57	中等
12 月 2 日	3.2	10	2	1	4.8	5	4	2	4.18	中等
12 月 3 日	3.2	10	2	1	4.8	5	4	2	4.18	中等
12 月 4 日	3.2	10	2	1	4.8	5	4	2	4.18	中等
12 月 5 日	3.2	10	2	1	4.8	5	4	2	4.18	中等
12 月 6 日	2.4	10	2	1	4.4	5	4	2	3.99	中等
12 月 7 日	2.4	10	2	1	4.4	5	4	2	3.99	中等

表 6-10　C 岸滩各评价因子值

日期	厚度比例	分布面积	覆盖度	下渗加权	油污程度	油污性质	岸滩类型	服务功能	影响程度	综合等级
11月23日	7.92	10	0.1	0	5.99	8	5	2	5.36	影响较大
11月24日	7.92	10	5	0	7.46	7	5	2	5.94	影响较大
11月25日	7.92	10	6	0	7.76	7	5	2	6.08	影响较大
11月26日	8	10	7	0	8.1	6	5	2	6.13	影响较大
11月27日	10	10	8	0	9.4	6	5	2	6.75	影响较大
11月28日	8.2	10	8	0	8.5	6	5	2	6.32	影响较大
11月29日	8.1	10	7	0	8.15	6	5	2	6.15	影响较大
11月30日	8	10	5	0	7.5	5	5	2	5.72	影响较大
12月1日	5.6	10	5	0	6.3	5	5	2	5.14	影响较大
12月2日	4.8	10	5	0	5.9	5	5	2	4.95	中等
12月3日	3.2	10	5	0	5.1	5	5	2	4.57	中等
12月4日	2.4	10	4	0	4.4	5	5	2	4.23	中等
12月5日	1.6	10	4	0	4	5	5	2	4.04	中等
12月6日	1.6	10	4	0	4	5	5	2	4.04	中等
12月7日	1.6	10	3	0	3.7	5	5	2	3.90	中等

表 6-11　D 岸滩各评价因子值

日期	厚度比例	分布面积	覆盖度	下渗加权	油污程度	油污性质	岸滩类型	服务功能	影响程度	综合等级
11月23日	7.9	2	9	0	7.1	8	3	4	5.71	影响较大
11月24日	7.9	10	4	0	7.2	7	3	4	5.64	影响较大
11月25日	7.9	10	5	0.05	7.5	7	3	4	5.82	影响较大
11月26日	8.0	10	5	0.05	7.6	6	3	4	5.72	影响较大
11月27日	8.1	10	6	0.1	8.0	6	3	4	5.93	影响较大
11月28日	8.1	10	6	0.1	8.0	6	3	4	5.93	影响较大
11月29日	8.1	10	6	0.1	8.0	6	3	4	5.93	影响较大
11月30日	8.0	10	4	0.1	7.3	5	3	4	5.47	影响较大
12月1日	8.0	10	4	0.1	7.3	5	3	4	5.47	影响较大
12月2日	6.4	10	2	0.1	5.9	5	3	4	4.77	中等
12月3日	4.8	10	2	0.1	5.1	5	3	4	4.39	中等
12月4日	3.2	10	2	0.1	4.3	5	3	4	4.00	中等
12月5日	2.4	10	2	0.1	3.9	5	3	4	3.81	中等
12月6日	1.6	10	2	0.1	3.5	5	3	4	3.62	中等
12月7日	1.6	10	2	0.1	3.5	5	3	4	3.62	中等

第7章　岸滩溢油监测与评价系统

7.1　系统功能概述

本系统主要实现如下功能。

7.1.1　事件查看

查看以往发生的溢油事故的相关信息,如溢油地点、溢油时间、溢油量等内容。

7.1.2　方案制订

新建方案包括自动生成方案编号,填写方案名称、方案描述等基本信息,填写完基本信息后填写方案书生成 Word 文档;方案管理可以实现对已经制定完成的方案进行编辑等管理;可以查看最近打开的几条方案。

7.1.3　任务下达

新建任务包括自动生成任务编号,填写任务名称、任务描述等基本信息;填写完成后进行任务书制作,包括在地图上划定监测区域、确定监测项目、安排监测人员和监测时间等内容;然后将任务以多种可选方式下达到移动端;任务管理可以实现对已有任务的编辑等操作。

7.1.4　现场监测

在方案制定模块中下达了任务后,移动端开始在现场进行监测,监测完毕后将监测数据以多种可选方式上传到 PC 端,PC 端先对数据进行浏览,然后存入数据库。数据管理可以对上传的现场监测数据进行编辑修改等操作,然后根据现场情况生成本次溢油事故的监测报告。

7.1.5　分析评价

工作量统计可以选择要统计的监测任务,航次、照片数量、视频时长、外业人次、样品数量、巡视距离等内容显示在图表中。综合评价可以实现对不同任务的岸滩溢油影响评价，通过计算多种指数得出综合影响指数并得到影响等级，根据各个任务岸段的位置和影响程度在地图上实现分级设色。

7.1.6 工具箱

逐件逐套展示岸滩现场调查所需的工具。

7.1.7 图片浏览

对比照片浏览可以查看各种岸滩类型、岸滩服务功能、溢油状态、溢油性质等图片；现场照片浏览可以查看已有任务的现场照片和草图。

7.2 关键技术

7.2.1 数据的组织与管理

根据新建事件、新建方案、新建任务、任务下达、现场监测、数据上传、数据管理、分析评价这一完整流程，进行各数据表的组织建立（表7-1）。

表7-1 数据表类型及功能说明

表名	功能说明
岸滩监测基本信息表	存储岸滩溢油事件名称、事件、区域等信息
岸滩事件表	存储岸滩溢油事件的编号、事件、描述和预测地点
岸滩功能信息表	存储岸滩实际的应用功能、描述和监测日期等信息
溢油监测方案数据表	存储岸滩监测方案名称、描述、状态等信息
岸滩溢油采样信息表	存储岸滩溢油监测的采样数据信息
监测站点信息表	存储实际监测站点的坐标数据信息
岸滩监测任务数据表	存储岸滩监测方案下的分配任务信息
岸滩监测轨迹数据表	存储监测子任务中的行进监测轨迹坐标数据信息
岸滩监测类型信息表	存储岸滩实际监测类型、暴露程度、监测日期等数据
任务工作量统计表	存储监测任务所需要的航次、外业人次、照片数量、视频时长、样品数量和巡视距离等统计信息
现场评价信息表	存储监测过程中溢油程度、草图、照片、视频等数据
现场照片信息表	存储现场拍照信息数据
岸滩溢油下渗信息表	存储任务监测岸滩有无下渗、油层分布方式、油层分布厚度、采样日期等信息数据
岸滩溢油状态信息表	存储岸滩有无溢油、油带分布方式、溢油性质、厚度比例、单位面积数量、粒径等数据信息

7.2.2　监测区域的划定

在任务下达这一模块中,需要根据遥感影像上的溢油区域划定监测范围以供现场监测人员进行工作。该功能包括手动圈监测区域、生成地图截图加载至 Word 文档。

7.2.3　现场监测数据上传

将现场监测的数据以 3 种可选方式上传到 PC 端:①数据线上传;②3G 传输;③北斗卫星传输。用户可以根据自己需求选择上传方式。PC 端弹出提示窗口后开始接收上传,然后入库。

7.2.4　分析评价

对不同的岸段进行岸滩溢油影响评价,依据《岸滩溢油监测评价技术规程》(2014),对岸滩的各种类型、服务功能、溢油性质、溢油状态等因子赋予不同的权重,通过计算得出综合影响指数并得到影响等级,根据各个任务岸段的位置和影响程度在地图上实现分级设色。

7.2.5　系统框架体系结构

针对岸滩溢油,通过对岸滩类型、服务功能、溢油状态等现场信息的采集和分析评价,为岸滩溢油监测报告生成及应急处置等提供数据基础,该子系统分为桌面信息管理与评价子系统和野外手持终端监测子系统。

系统总体架构由数据层、服务层和应用层 3 个层次构成,见图 7-1。

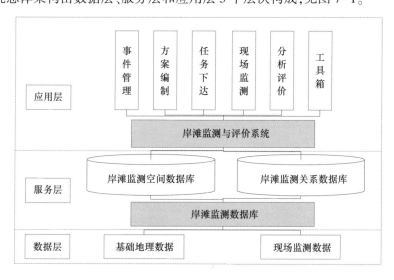

图 7-1　系统总体架构

7.2.5.1 数据层

数据层主要包括基础地理数据和现场监测数据。

基础地理数据主要包括北海区域功能区图、敏感区划图、行政区划图、岸线图和遥感溯源图等数据。

现场监测数据主要包括现场监测数据。

7.2.5.2 服务层

空间数据库采用 Oracle+ArcSDE 系统平台来实现数据的存储和访问。主要包括北海海岸线分布图、功能区分布图、敏感区分布图和行政区划数据等基础图件。采用 MySQL 关系型数据数据库进行存储和管理,采用 Oracle11g 系统平台来实现数据的存储和访问。

7.2.5.3 应用层

应用层是与用户的交互界面,本系统利用 Developer Express 界面控件为用户提供美观、简便的功能界面,主要包括事件管理、方案制定、任务下达、现场监测、分析评价和工具箱。

7.2.6 系统数据结构与数据流

(1)在溢油事件发生后,利用该系统新建事件,填写基本信息入库。

(2)在新建事件的基础上新建方案,填写基本信息入库,生成方案书文档。

(3)在新建方案的基础上,新建任务,划定监测区域,生成任务书并下达到移动端。

(4)移动端接收任务,进行现场监测,完成后将监测数据上传回 PC 端。

(5)对移动端上传的现场监测数据进行工作量统计和综合评价,得到溢油对岸滩的影响指数和影响等级。

根据模块整体的设计思路以及工作流程,特绘制数据流程图 7-2。

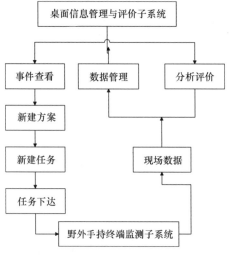

图 7-2　数据流程图

7.2.7 系统子功能划分

系统总体分为事件管理、方案制定、任务下达、现场监测、分析评价和工具箱 6 个功能子模块，其功能结构图见图 7-3。

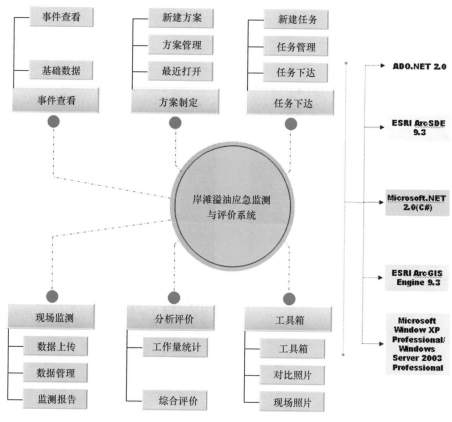

图 7-3　功能设计结构图

7.3 岸滩溢油监测与评价系统子功能模块

7.3.1 野外手持终端监测子系统

野外手持终端监测子系统主要实现桌面信息管理与评价子系统生成的监测任务的下载、任务管理、站位导航、监测信息现场采集与录入、监测数据上传等功能。野外手持终端监测子系统软件主界面见图 7-4。

7.3.1.1 任务监测模块

任务监测模块主要包含野外采集的基本信息,分为任务下载、任务查看和数据导出几个模块。

1)任务下载

服务端把将要进行岸滩溢油监测的站点信息、测区信息和监测项信息存放到预先定义好的数据库中,并导成数据交换文件,通过数据传输线对数据交换文件进行访问把岸滩溢油监测的站位信息、测区信息下载到移动端。任务监测导航界面见图7-5,任务下载界面见图7-6。

图7-4 野外手持终端监测子系统界面

图7-5 任务监测导航界面

2)查看任务

查看任务模块可以根据事件名称和任务编码信息以及事件发生的时间对任务信息进行查询,可以对查询的任务结果进行下一步的信息采集。任务查看界面见图7-7。

3)监测站位导航

用不同的符号和名称把下载的站位信息和测区信息分别根据其经纬度展绘到移动地图上。测站导航界面见图7-8,轨迹信息入库界面见图7-9。

图 7-6　任务下载界面

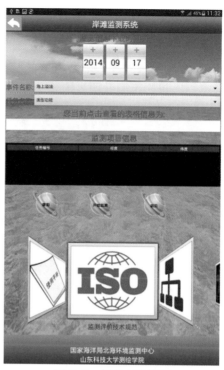

图 7-7　任务查看界面

图 7-8　测站导航界面

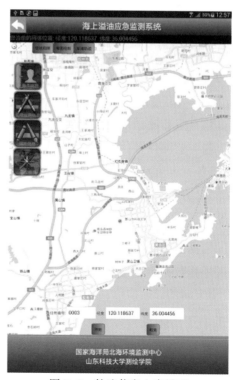

图 7-9　轨迹信息入库界面

4) 监测任务实施与现场信息采集

监测人员导航至站位点后,按照事先下载的站位点、测区信息和监测项信息进行岸滩的类型、服务功能、溢油状态等现场监测信息的采集和录入。岸滩信息采集界面见图 7-10,草图绘制界面见图 7-11。

 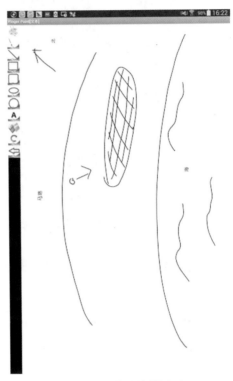

图 7-10 岸滩信息采集界面   图 7-11 草图绘制界面

5) 现场监测结果信息的回传与上载

现场监测任务的监测信息保存在移动端的 SQLite 数据库中,所有监测任务完成后,将各站位监测的结果数据通过定制数据交换文件(如 Excel 表格)或数据上载服务的方式,由移动端设备回传和上载至 PC 端的数据库中,实现监测结果数据的入库。

7.3.1.2 数据通信模块

数据通信模块主要对采集的岸滩信息进行实时上传,该通信主要基于北斗卫星系统的远程数据传输与控制技术,北斗卫星系统可以为覆盖范围内的授权用户提供全天候、全天时的导航定位、通信和授时服务。

7.3.1.3 资料帮助模块

资料帮助模块主要是对以往岸滩调查信息的资料进行总结,以文字描述和图片的形式展现给用户,可帮助用户快速的判别所处岸滩的基本信息,快速精确地采集当前岸滩信息和溢油信息。岸滩资料界面见图 7-12 和图 7-13。

岸滩溢油监测评价技术研究

图 7-12 岸滩资料图　　　　　　　　　图 7-13　岸滩论文

7.3.1.4　地图导航模块

该模块主要是调用百度地图,实现位置的导航和线路的查询,更加快速地到达监测地点,防止用户由于路线不熟悉而浪费时间,提高信息采集的效率。

7.3.2　桌面信息管理与评价子系统

桌面信息管理与评价子系统主要实现溢油事件查看、制定岸滩溢油监测方案、下达岸滩溢油监测任务、管理现场监测数据、分析评价、查看工具箱和浏览现场图片和对比图片。桌面信息管理与评价子系统主界面见图 7-14。

7.3.2.1　事件管理模块

时间管理模块主要实现岸滩溢油事件发生时间、发生地点、规模、特性等信息的录入管理,对溢油区域基础地理数据和影像的查看。

1)新建事件

录入事件发生时间、发生地点等基本信息。新建事件界面见图 7-15。

2)事件管理

对所有溢油事件进行查看、编辑、删除等操作。事件管理界面见图 7-16。

图 7-14　桌面信息管理与评价子系统界面

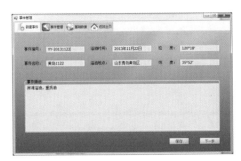

图 7-15　新建事件界面

图 7-16　事件管理界面

3）基础数据查看

可以查看溢油区域的功能区划图、河流分布、溢油影像等数据,以辅助工作人员合理划定监测区域。基础数据查看界面见图 7-17。

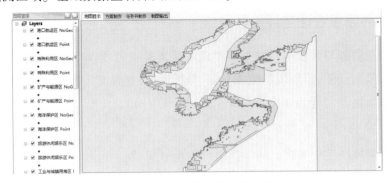

图 7-17　基础数据查看界面

7.3.2.2　方案制定模块

方案制定模块包括新建方案、方案管理、最近打开和方案生成等功能。方案制定界面见图 7-18。

1) 新建方案

新建方案包括自动生成方案编号,填写方案名称、方案描述等基本信息,填写完基本信息后填写方案书生成 Word 文档。新建方案界面见图 7-19。

图 7-18　方案制订界面

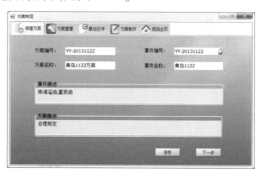

图 7-19　新建方案界面

2) 方案管理

方案管理包括对所有溢油方案进行查看、编辑、删除等操作。制订方案书界面见图 7-20,方案管理界面见图 7-21。

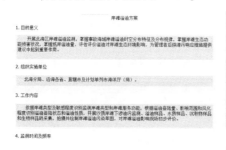

图 7-20　制订方案书界面

图 7-21　方案管理界面

7.3.2.3　任务下达模块

任务下达模块主要实现新建任务、任务管理和任务下达的功能。

1) 新建任务

新建任务包括自动生成任务编号,填写任务名称、任务描述等基本信息;填写完成后进行任务书制作,包括在地图上划定监测区域、确定监测项目、安排监测人员和监测时间等内容,然后将任务以多种可选方式下达到移动端。新建任务界面见图 7-22,制作任务书界面见图 7-23。

图 7-22　新建任务界面

图 7-23　制作任务书界面

2）任务管理

对已有任务进行查看、编辑等操作。任务管理界面见图 7-24。

3）任务下达

将新建的或已有的任务以 3 种方式下达到移动端。

任务书下达界面见图 7-25。

（1）有线连接：选中要下达的任务，点击下载按钮，生成 Excel 格式的文件，找到移动端的路径保存。

（2）3G 传输：选中要下达的任务，点击下载按钮，生成 Excel 格式的文件，通过 3G 信号传输到移动端。

（3）北斗卫星传输：选中要下达的任务，点击下载按钮，生成可识别格式的文件，通过北斗卫星信号传输到移动端。

图 7-24　任务管理界面

图 7-25　任务书下达界面

7.3.2.4　现场监测模块

现场监测模块分为数据上传、数据管理和生成监测报告 3 个功能。

主要实现现场监测数据上传到服务端，对接收到的数据进行查看编辑等操作，以及生成溢油事件的监测报告。现场监测界面见图 7-26。

1）数据上传

在方案制定模块中下达了任务后，移动端开始在现场进行监测，监测完毕后将监

图 7-26　现场监测界面

测数据以多种可选方式上传到 PC 端,PC 端先对数据进行浏览,然后存入数据库。数据上传界面见图 7-27 和图 7-28。

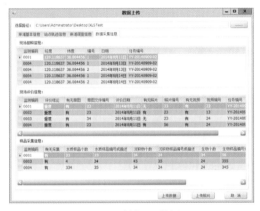

图 7-27　数据上传界面

图 7-28　选择文件夹界面

2)数据管理

对已有现场监测数据进行查看、编辑等操作。数据管理界面见图 7-29。

3)监测报告生成

填写本次溢油事件的相关内容、现场监测的情况,生成监测报告。监测报告生成界面见图 7-30。

7.3.2.5　分析评价模块

分析评价模块主要实现工作量统计和综合评价功能。

1)工作量统计

将不同任务下的航次、照片数量、样品数量、外业人次、视频时长和巡视距离统计

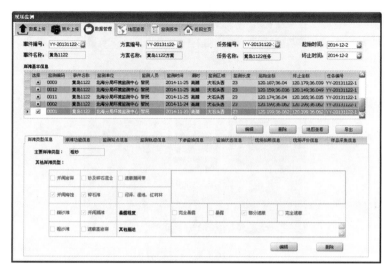

图 7-29　数据管理界面

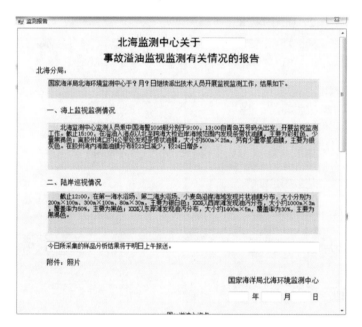

图 7-30　监测报告界面

到图表中。工作量统计界面见图 7-31。

2）综合评价

对不同任务下监测数据进行溢油影响等级评价。综合评价界面见图 7-32。

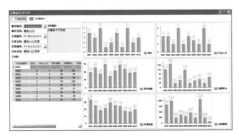

图 7-31　工作量统计界面

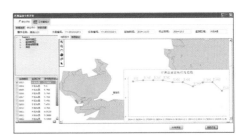

图 7-32　综合评价界面

7.3.2.6　工具箱模块

工具箱模块主要实现工具箱、对比照片和现场照片的查看。工具箱界面见图 7-33 和图 7-34。

图 7-33　工具箱界面

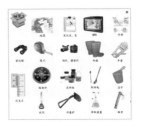

图 7-34　工具界面

1）工具

查看工具箱中的工具。

2）对比照片

查看各种岸滩类型、岸滩服务功能、溢油性质、溢油状态的对比照片。

3）现场照片

实现对已有任务的现场照片查看。现场照片界面见图 7-35 和图 7-36。

图 7-35　比照片浏览界面

图 7-36　现场照片浏览界面

参 考 文 献

1. 北海区海洋环境公报[R]. 青岛：国家海洋局北海分局,2010-2015.

2. 渤海海洋环境公报[R]. 青岛：国家海洋局北海分局,2008-2009.

3. 陈建秋.中国近海石油污染现状、影响和防治[J].节能与环保,2002,30：15-17.

4. 大连"7·16"溢油事件海洋环境影响评价报告[R]. 青岛：国家海洋局北海分局,2010.

5. 丁克强,骆永明.生物修复石油污染土壤[J].土壤,2001,4：179-184.

6. 丁明宇,黄健,李永祺.海洋微生物降解石油的研究[J].环境科学学.报,2000,21(1)：84-88.

7. 高振会,杨建强,崔文林,等. 海洋溢油对环境与生态损害评估技术及应用[M]. 北京：海洋出版社,2005.

8. 刘圣勇.船舶溢油事故应急组织体系研究与决策处理.上海海事大学硕士学位论文,2005.

9. 蓬莱"19-3"油田溢油联合调查组事故调查处理报告[R].北京：国家海洋局,2012.

10. 沈德中.污染环境的生物修复[M].北京：化学工业出版社,2002.

11. 田立杰,张瑞安.海洋油污染对海洋生态环境的影响[J].海洋湖沼通报,1999,(2)：65-69.

12. 许树柏.层次分析法原理[M].天津：天津大学出版社,1988.

13. 溢油污染对生态环境的影响：沉积海岸[R].伦敦：国际石油工业环境保护协会(IPIECA),1999.

14. 溢油污染对生态环境的影响：红树林[R].伦敦：国际石油工业环境保护协会(IPIECA),1993.

15. 溢油污染对生态环境的影响：珊瑚礁[R].伦敦：国际石油工业环境保护协会(IPIECA),1992.

16. 溢油污染对生态环境的影响：岩石海岸[R].伦敦：国际石油工业环境保护协会(IPIECA),1995.

17. 溢油污染对生态环境的影响：盐沼[R].伦敦：国际石油工业环境保护协会(IPIECA),1994.

18. 翟晓敏,盛昭瀚,何建敏.辅助应急管理系统的设计与实现[J].东南大学学报,1998,28(4)：49-53.

19. 赵玉慧,刘莹,尹维翰,等.岸滩溢油监测评价指标体系研究[J].海洋开发与管理,2014,7：96-98.

20. 赵玉慧,孙培艳.岸滩溢油监测评价指导手册[M].北京：海洋出版社,2015.

21. 郑建中、王静、王晓燕. 不同类型海岸的溢油清理方法[J]. 环境工程学报, 2008, 2(4)：557-563.

22. 中国溢油应急专业网.溢油常识.http://www.cleanupoil.org.cn/DataCenter/DataCenter_5.asp.

23. 中海石油环保服务有限公司, 国家海洋局北海环境监测中心. 岸滩溢油应急处置手册[M]. 2015.

24. French D, McCay J J, Rowe NW etal.Estimation of potential impacts and natural resource damages of oil [J], Journal of Hazardous Ma-teriats ,2004,107：11-25.

25. Godon A. Robilliard, Paul D. Boehm, Michael J. Amman. Ephemeral data collection guidance manual, with emphasis on oil spill NRDAS [C]//Dan Sheehan. 1997 International Oil Spill Conference, Washington D C：Allen Press Inc.,1997, 1029-1030.

26. IMO/UNEP：Regional Information System；Part D, Operational Guides and Technical Documents, Section 13, Mediterranean guidelines on oiled shoreline assessment [R].REMPEC, 2009.

27. Recognition of oil on shorelines [R]. ITOPF, 2012.

28. Sampling and monitoring of marine oil spills [R]. ITOPF, 2012.

29. Shoreline assessment job aid [R].NOAA, 2007 : 1-33.

30. Shoreline assessment manual [R]. NOAA, 2013 : 21-55.

31. Surveying sites polluted by oil operational guide [R]. Cedre, 2006.

32. Zhendi Wang, Merv Fingas, Sandra Blenkinsopp et al.Study of the 25-year – old Nipisi Oil Spill:Persistence of Oil Residues and Comparisons between Surface and Subsurface Sediments.Environ.Sci.Technol.1998, 32 : 2222-2232.